DR. JOHANN LOIBNER

MYTHOS ANSTECKUNG

Was von der Ansteckung bleibt

Trotz sorgfältiger Überprüfung durch den Verfasser und Verlag lassen sich Fehler nie ganz vermeiden. Es besteht keine Garantie für Fehlerlosigkeit, noch kann der Verlag/ Autor eine juristische Verantwortung oder irgendeine Haftung für die hier vorgetragenen Denkanstöße übernehmen. Dieses Buch soll Leser informieren und zu zusätzliche Denkansätze sachkundig anregen. Der Autor ist in keinem Falle für einen Missbrauch des beschriebenen Inhaltes haftbar. Die hier vorgetragenen Ergebnisse des Autors sollen als Grundlagen für weitere Innovationen und Forschungsmöglichkeiten für Universitäten und Hochschulen dienen.

Der Verlag ist für Hinweise auf Fehler, sowie für Verbesserungs- oder Ergänzungsvorschläge dankbar (info@Michaelsverlag.de).

Ammergauer Str. 80, 86971 Peiting
Tel. 08861-59018, FAX: 08861-67091
www.Michaelsverlag.de

2. Auflage 2023
Autorbild: Dr. Johann Loibner
Titelbild: Mirjam Flatau Mediendesign / Oliver Hahn
Umschlaggestaltung, Herstellung: FontFront.com, Roßdorf
Printed in EU
ISBN-13: 978-3-89539-527-7

Bibliografische Information der Deutschen Bibliothek
Die Deutsche Bibliothek verzeichnet diese Publikation in der deutschen Nationalbibliografie; detaillierte bibliografische Daten sind im Internet unter http://dnb.ddb.de abrufbar.

MYTHOS ANSTECKUNG

Was von der Ansteckung bleibt

Inhaltsverzeichnis

Vorwort

Welche Motive hat ein Arzt nach 44 Arbeitsjahren noch eine Schrift zu verfassen, die ein fest stehendes Dogma der Medizin in Frage stellen soll.
Der unmittelbare Anlass ist das Ergebnis einer Volksabstimmung in der Schweiz. Die Impfbetreiber konnten einen größeren Teil der Eidgenossen überzeugen, dass für den Fall, dass ansteckende Epidemien auftreten, Zwangsimpfungen durchgeführt werden können. Das schärfste Argument der Impfbetreiber, die tiefe Angst vor Ansteckung, hat gezogen.
Kriegsministerien, Gesundheitsministerien, WHO, Sanitätsbehörden, Lehrkanzeln aller Universitäten der Erde, viele Ärzte, die Lehrbücher, sie alle arbeiten mit der These, dass Krankheiten durch Ansteckung und Übertragung entstehen.
Die Vorstellung, dass Krankheiten ansteckend oder sogar übertragbar seien, ist die herrschende Meinung, die Meinung der Herrschenden.

Jeder Arzt oder jeder Laie hat schon beobachtet, dass zum Beispiel während eines Masernausbruches nicht alle Menschen daran erkranken. Warum erkranken aber nur wenige?

Wie lange haben Sie selbst schon darüber nachgedacht?
Warum ist die These, dass Krankheiten ansteckend seien von derartiger Bedeutung, dass die Regierungen und die noch größeren Mächtigen diese Vorstellung wie eine Festung verteidigen? Es ist doch verwunderlich, dass in Österreich Masern und Röteln erst Ende des 20. Jahrhunderts meldepflichtig geworden sind, obwohl sie zu dieser Zeit kaum noch eine Rolle spielten. Die Masern

scheinen plötzlich eine derartige Gefahr geworden zu sein, dass sogar der Verdacht auf Masern zu melden ist. Die Masernfälle sind im Vergleich zu früher extrem selten geworden. Ja, es gibt Kinderärzte, die Masern nur noch aus dem Lehrbuch kennen, weil Masern so selten sind. Und der Verlauf der Masern in der derzeitigen gesundheitlichen Gesamtsituation ist selten wirklich schwer, so dass die Angst vor dieser Krankheit unbegründet ist.
Da muss es offenbar Menschen geben, die daran interessiert sind, seltene Krankheiten mit meistens harmlosem Verlauf zu gefährlichen Seuchen zu erklären, die unsere Kinder wie nie zuvor bedrohen und in unkontrollierbarem Ausmaß über uns hereinbrechen können.
Wenn wir Krankheiten als ansteckend bezeichnen, erhöht sich die Angst davor. Denn das Wort Ansteckung erregt ängstliche Vorstellungen und beunruhigende Gefühle.
Ich möchte die Leser dieses Büchleins einladen, das Phänomen Ansteckung mit mir unter die Lupe zu nehmen. Es wird sich herausstellen, dass fast alles, was als ansteckend gilt, in Wahrheit nichts mit Ansteckung zu tun hat.

Die irreführende Ansteckungslehre beruht auf bestimmten Denkfehlern. Sie verwechselt Ansteckung mit Vergiftung, deutet gehäuftes Auftreten von Krankheiten als Ansteckung und folgert, wo Viren und Bakterien sind, da wird angesteckt.

Die Impfbetreiber haben größtes Interesse daran, den unwissenden Menschen mit dem Phantom Ansteckung Angst einzuflößen. Neben dem Bild von umherfliegenden zerstörungswütigen Viren wollen die Impfbetreiber mit dem Begriff Ansteckung uns einreden, dass uns nur Impfungen schützen können. Eine der wirksamsten Argumente, Impfungen sogar zwangsweise zu verordnen, gelingt mit der Drohung vor Ansteckung. Die angebliche Gefahr durch Ansteckung ist die wirksamste Waffe der Impfpropaganda. In diesem Buch sind Teile meines ersten Buches, *Impfen, das Geschäft mit der Unwissenheit* eingefügt worden. Sie werden daher etliche Gedanken wiederholt antreffen. Es geht dabei ebenso um Ansteckung und die mysteriösen Viren. Es sind Kapitel von kürzerem Umfang. Vielleicht müssen Sie diese Überlegungen noch ein zweites Mal lesen und dann wieder darüber nachdenken. Allmählich werden sie vom Schreckgespenst der Ansteckung nicht mehr viel halten.

Graz, 2. Januar 2014
Dr. Johann Loibner
Arzt für Allgemeinmedizin

Die Wahrheit ist in diesen Tagen so verdunkelt, und die Lüge hat sich so sehr durchgesetzt, dass man die Wahrheit nicht finden wird, es sei denn man liebt sie.
Blaise Pascal

Krankheiten im Kindesalter *oder Kinderkrankheiten?*

Die Namen der Krankheit sagen etwas über ihre Symptome aus. Viel seltener erfahren wir aus ihren Namen ihre Ursache, warum der Mensch an dieser oder jenem Leiden erkrankt ist. Der Mensch ist vom Krankheitsbild beeindruckt. Die heutige apparative Medizin liefert erstaunliche Details der Krankheit. Wir schauen daher gebannt auf diese Zeichen und die Erscheinung dessen, was da krank ist.

Die Voreingenommenheit bahnt den Weg in den Irrtum.
Blaise Pascal

Was aber ist mit dem Weg bis zur Krankheit hin? Was war in der Zeit davor, als der Mensch noch gesund war? Hat es da bestimmte Umstände gegeben, die den Organismus belastet haben? Waren da Lebensbedingungen, unter denen schon der gesunde Menschenverstand erkennen muss, dass das kein Gesunder lange aushalten wird? Es gibt Krankheiten, die plötzlich, von heute auf morgen anfangen. Wir nennen sie akute Krankheiten. Sie zeigen sich oft unter heftigen Symptomen und dauern für gewöhnlich nicht lange.

Auslösende Ursachen

Gerade für diese Art der Krankheiten lassen sich meistens bestimmte auslösende Ursachen erkennen. Die häufigsten akuten Krankheiten im täglichen Leben entstehen bei uns nach Unterkühlungen. Wir nennen sie deshalb auch Erkältungskrankheiten. Die Unterkühlungen ereignen sich auf viele verschiedene Arten. Das kann einmal der Aufenthalt in der Kälte, ein anderes Mal eine Durchnässung, oft auch eine vorangegangene Überhitzung oder Zugluft sein. Für solche Ereignisse finden wir gelegentlich auch Schuldige, die sich oder ihre Kinder eben nicht rechtzeitig gegen Unterkühlung geschützt haben. Diese Erkältungskrankheiten zeigen sich dann mit Fieber, Schmerzen in verschiedenen Regionen, im Hals, in den Ohren, in der Brust, in der Blase, Niere und so fort.

Bei den kleineren Kindern dauern diese Krankheiten meist nur wenige Stunden bis Tage, sie bekommen rasch hohes Fieber und werden auch sehr bald wieder gesund.

In anderen Fällen überwinden die Kinder die Folgen der Unterkühlungen mit Ausscheidungen, die wir Katarrhe (griechisch: καταρρεῖν herunter rinnen) nennen. Diese Absonderungen können reichlich oder spärlich, wässrig, schleimig, eitrig oder auch blutig sein. Hier ist es dem Organismus nicht gelungen, mit dem Fieber allein die gestörte Gesundheit wieder herzustellen. Für gewöhnlich dauern diese katarrhalischen Erkrankungen länger als jene, die mit hohem Fieber einhergehen.

Keuchhusten

Eine besondere Form einer sich hinziehenden katarrhalischen Erkrankung ist der Keuchhusten. Dieser tritt regelmäßig dann auf, wenn es nach einer wärmeren Wetterphase zu einem deutlichen Temperatursturz kommt. Daher begegnen wir dem Keuchhusten auch in den Sommermonaten. Da verläuft der Keuchhusten meistens auch leichter und kürzer als in den Wintermonaten. In der kalten Jahreszeit ereignen sich weitere Unterkühlungen und der Keuchhusten kann dann wesentlich schwerer verlaufen. Dieser Katarrh zeichnet sich durch spärliche und sehr zähe Absonderungen in der Luftröhre und in den großen Bronchien aus. Die Abson derungen sind schwer löslich. Um die zähen Schleimablagerungen zu lösen, sind die Hustenanfälle oft mit Verkrampfungen des Oberkörpers verbunden. Mit sanften Wasseranwendungen und passenden homöopathischen Mitteln lässt sich dieses Leiden rasch mildern und verkürzen. Weil ein überraschender Kälteeinbruch auf alle Menschen einwirkt, kommt es zu gehäuftem Auftreten von Keuchhusten in größeren Familien oder in Kindergruppen. Wenn dann mehrere Personen hintereinander zu husten beginnen, neigt man dazu von einer Ansteckung zu sprechen. Der Grund dafür ist nicht eine gegenseitige Ansteckung, sondern die allen gemeinsame Unterkühlung durch den empfindlichen Wettersturz.

Kinderkrankheiten mit Ausschlägen

Zu bestimmten Zeiten erscheinen bei Kindern und Jugendlichen fieberhafte und katarrhalische Erkrankungen, die mit Hautausschlägen verbunden sind. Sie werden auch exanthematische (exanthein griechisch aufblühen)Kinderkrankheiten genannt. So wie der Organismus im Kindesalter mit hohem Fieber, heftigen Ausscheidungen, intensiven Gemütsverstimmungen reagiert, so erzeugt das Immunsystem in diesem Alter auch Hautauschläge. Im fortschreitendem Lebensalter verliert der Mensch diese Art der Immunreaktion. Der aufgebrauchte Organismus z. B. bei fortgeschrittenen Krebsleiden kann kein Fieber mehr erzeugen. Die typischen Ausschläge werden von manchen Ärzten auf bestimmte Vitaminmängel zurückgeführt. Andere sprechen von allergischen Entzündungen der Blutgefäße unbekannter Ursache. Bei den Kinderkrankheiten Scharlach, Masern, Röteln, Ringelröteln, Dreitagesfieber und Schafblattern (Windpocken) treten die Ausschläge meist nur einmal auf. Dieses Faktum führte zur These, dass eine einmal durchgemachte Krankheit ein Leben lang vor einer weiteren Erkrankung schütze. Viel eher ist anzunehmen, dass nur das kindliche Immunsystem diese Hautrektionen erzeugt. Später laufen diese fieberhaften und katarrhalischen Krankheiten ohne diese Exantheme ab. Scharlach kann nicht selten ohne Ausschlag verlaufen. Das gilt auch für andere klassische Kinderkrankheiten. Diese exanthematischen Krankheiten sind daher ebenso Folgen von Unterkühlungen wie andere auch. Sie sind ebenso Erkältungskrankheiten wie andere, die ohne Hautauschläge verlaufen.

Andere Krankheiten im Kindesalter

Eine andere Krankheit, die vorwiegend im Kindes- und Jugendalter auftritt, ist die *Parotitis epidemica*, der *Mumps*. Es handelt sich um eine *Pansialoadenitis* (Entzündung aller Speicheldrüsen). Wie eben auch bei anderen Erkrankungen im Kindesalter reagiert der Organismus sehr heftig und zieht buchstäblich alle Register, in diesem Falle sind alle Speicheldrüsen in Aufruhr. Wenn nicht mehr ganz junge Menschen opulente fettreiche Speisen im Unmaße verzehren, kommt es nicht selten zu einer Bauchspeicheldrüsenentzündung. Auslösende Ursachen für Entzündungen der Speicheldrüsen sind da fettreiche Speisen, insbesondere Schweinefleisch. So ist das zuletzt vor wenigen Jahren in Kärnten, *Paternion,* geschehen. Bei einer »Osterparty« gab es da viel fettreiche Speisen, auch Alkohol und Schlafmangel.

In den folgenden Tagen darauf waren einige junge Männer an Mumps erkrankt. Pikanterweise war mehr als die Hälfte von ihnen gegen Mumps geimpft.

Wir sehen, dass der Mensch dazu neigt, sich mit simplen und irrationalen Erklärungen über die Entstehung von Krankheiten zufrieden zu geben. Deshalb glaubt er lieber an Ansteckung und Viren.

Bei Säuglingen und Kleinkindern sind Durchfallerkrankungen von unspezifischen Hautausschlägen begleitet. Hier sind die aktuellen Ursachen fast immer verdorbene oder verunreinigte Nahrungsmittel. Wenn in großen Schulküchen, Internaten und Ferienlagern viele Kinder an Brechdurchfall erkranken, wird in den Medien praktisch nie von verdorbenen und verunreinigten Speisen berichtet.

Fast immer sprechen in den letzten Jahren die Behörden von »hoch ansteckenden« ***Noroviren*****. Statt die verdorbenen Nahrungsmittel zu entsorgen, wird dann eine spektakuläre Desinfektion des gesamten Schulgebäudes vorgenommen.**

Der abergläubische und bequeme Mensch liebt solche Schlussfolgerungen. Dazu kommt noch, dass niemand gerne an einer Massenvergiftung schuld ist. Imaginäre Viren, die alle anstecken, sind da beliebter.

Ist die Krankheit ein Wesen?

Jedes Lebewesen ist so geplant, dass es eine optimale Lebensdauer bei guter Gesundheit erreicht. Die verschiedenen Organsysteme, wie Atmung, Verdauung, Bewegungsorgane, Fortpflanzungseinrichtungen, die Hormone, das Nervensystem, der Stoffwechsel, der Wärmehaushalt, der Energieumsatz, sie alle dienen der Erhaltung des Lebens. Sind die Bedingungen, die es zum Leben braucht in ausreichendem Umfang gegeben, so bleibt der Organismus bei Gesundheit und kann seine Aufgaben erfüllen.

Wirken störende Einflüsse auf den Organismus ein, bestehen Mangel an Ernährung, Kleidung, Sauberkeit und so fort, reagieren verschiedene Bereiche des Organismus mit Veränderungen, die wir Krankheit nennen.

Fieber, Schüttelfrost, Ausscheidungen, Schwellungen, Schmerzen, herabgesetzter Kreislauf, Vergrößerungen von Drüsen, Veränderung der Stimmung etc., dies alles sind Antworten des Körpers auf eine Schädigung von außen. Zugleich versucht der Organismus über diese Reaktionen das gestörte Gleichgewicht wieder herzustellen. So verlangt ein verletztes Glied nach Schonung, um es ruhig zu stellen. So erzeugt der Körper nach Unterkühlung hohes Fieber, um energiereiche Reparaturprozesse durchzuführen.

Krankheiten sind also nichts anderes als Reaktionen auf Schädigungen aus der Umgebung.

Krankheitsnamen

In der Geschichte der Menschen wurden diese Reaktionen verschieden verstanden.

In mythologischer Zeit glaubten die Menschen, ein geistiges Wesen, ein Dämon habe von einem Menschen Besitz ergriffen und dieser verändere den Menschen auf seine typische Weise.

Später begann man die Krankheit nach den Krankheitszeichen, den Symptomen zu benennen. Eine Vergiftung mit Mutterkorn ruft heftiges Brennen in den Fingern und Zehen hervor. Diesem Leiden wurde der Name *ignis sacer*, heiliges Feuer gegeben.

Eine besondere Entzündung im Rachen und Kehlkopf unterscheidet sich von anderen Halsentzündungen dadurch, dass auf der Schleimhaut des Rachens eine braune Schicht erscheint. Deswegen erhielt diese Krankheit den Namen *Rachenbräune*. Andere nannten dasselbe Leiden Diphtherie, weil diese braune Schicht an eine Lederrolle, griechisch διφθέρα erinnert. Der schwer lösliche Belag im Rachen und Kehlkopf behindert die freie Atmung, es kommt zu einem charakteristischen Atemgeräusch, das mit dem Namen Krupp , (schottisch *croup*, heiser) benannt wurde. Mit diesen zwei Namen werden die Symptome, das Aussehen und die akustischen Zeichen beschrieben.

Später hat man Krankheiten nach Ärzten benannt, welche die Krankheiten beschrieben haben, wie z. B. die Tuberkulose nach *Robert Koch* dann Morbus Koch hieß.

Aus diesen Namen geht nicht hervor, wodurch die Krankheit ausgelöst wurde. Erst viel später erhielten einige Krankheiten Namen, die auf ihre Ursachen zurückzuführen sind. Eigenartigerweise werden die Krankheitsnamen wie Avitaminose, Erkältungskrankheit, Nahrungsmittelvergiftung weniger verwendet. Dafür sind weiterhin die Namen *Skorbut* statt Vitamin-C-Mangel, die große Zahl der Erkältungskrankheiten, wie *Scharlach, Diphtherie, Keuchhusten, Masern etc.* viel häufiger in Verwendung.

Sind Krankheiten eigene Wesen?

Offenbar neigt auch der aufgeklärte Mensch in den Krankheiten doch etwas Geheimnisvolles zu ahnen. Es scheint wie ein Relikt aus grauer Vorzeit, die Krankheiten als personifizierte Wesen geistiger Art zu sehen. In den vorigen Jahrhunderten wurden verschiedene Länder, Metalle, Tiere und Pflanzen entdeckt, erforscht und beschrieben So geschah dies auch mit den Krankheiten. Die Krankheitsbilder wurden in den Lehrbüchern zusammengefasst und wurden so zu eigenen Wesenheiten. Obwohl diese rein künstliche, willkürlich gefasste Produkte sind, haftet ihnen etwas Unheimliches an. Die Namen der verschiedenen Krankheiten erwecken in Menschen verschieden starke, unangenehme Gefühle. Je nachdem, was der Betroffene über die Krankheit vernommen hat, kann ihn beunruhigen, ängstigen oder sogar in Panik versetzen.

Masern sind für die allermeisten Kinder und Jugendlichen in Mitteleuropa leichte Erkrankungen.

Es gibt nur zwei Krankheiten

Für Ärzte, die auf eine lange Erfahrung zurückblicken, ist die Frage, um welche Krankheit es geht, nicht immer am wichtigsten. Da gibt es nämlich noch andere Dinge zu beurteilen, ob die Krankheit leicht, schwer, harmlos oder lebensgefährlich ist. Masern sind für die allermeisten Kinder und Jugendlichen in Mitteleuropa leichte Erkrankungen. Die allgemein ausreichende Ernährungssituation, die heutigen sauberen Wohnungen mit Zentralheizung, ausgestattet mit Badezimmer und Fließwasser und elektrischem Strom, die ärztliche Versorgung und die Möglichkeit der Krankenpflege sind

dafür verantwortlich, dass Masern so günstig verlaufen. Wir können uns die Lebensbedingungen zur Zeit der Kriege und der Nachkriegszeit gar nicht mehr vorstellen.
Wenn an Unterernährung leidende Kinder, die im Schmutz und Elend leben, an Masern erkranken, dann wird ein Masernausbruch ganz anders verlaufen. Dann müssten wir mit Recht sagen, Masern sind sehr gefährlich.
Es geht als viel mehr um die Frage: Wer ist der Kranke? In welcher gesundheitlichen Verfassung ist er sonst? Wie sind dessen Lebensbedingungen? Nicht, wie die Krankheit heißt, sondern wer ist der Kranke und wie ist sein Umfeld, ist dann die entscheidende Frage. Dann können wir sagen, es gibt nur leichte und schwere Masern. Und das gilt ebenso für die meisten akuten Kinderkrankheiten. Der Name einer Krankheit, wie Diphtherie oder Polio kann uns dann nicht mehr so beeindrucken.

Die Impfbetreiber verbreiten immer wieder Bilder und Zahlen von Kranken aus den Zeiten der Armut und der armen Länder. Damit machen sie aus Krankheiten, die bei uns harmlos verlaufen, sehr gefährliche und hoch ansteckende Krankheiten.

Ansteckung, nichts geht ohne sie
Warum nur wenige Krankheiten ansteckend sind

Zu einer bestimmten Zeit im Jahr, wenn die Früchte reif geworden sind, beginnen sie vom Baum zu fallen. Es fällt eine Frucht nach der anderen herab. Das scheint jedermann ganz natürlich und niemand wird davon sprechen, dass die Früchte vom Baume fallen, weil sie von einer Krankheit namens Herunterfallen angesteckt wurden. Wenn gegen Ende des Winters gehäuft Masern auftreten und ein Kind nach dem anderen daran erkrankt, dann heißt es, sie wurden mit Masern angesteckt.

Wir erkennen die Wahrheit nicht nur aufgrund der Vernunft, sondern auch durch unser Herz.

Blaise Pascal

Wenn auf einer Reise mit einem Schiff eine Reihe von Menschen seekrank wird und einer nach dem anderen an der Reling steht, um sich zu übergeben, ist das jetzt natürlich oder wurden sie angesteckt?

Was ist ansteckend?

Ganz sicher können Menschen von Stimmungen angesteckt werden. Wenn die österreichische Fußballnationalmannschaft alle 30 bis 40 Jahre bei einer Weltmeisterschaft ganz vorne dabei ist, drängen sich sogar Menschen um den Fernseher, die sich in der übrigen Zeit von den Siegen und Niederlagen des österreichischen Fußballs nicht erhitzen lassen. Doch dann springt die Begeisterung auf viele Menschen über, es hat sie das Fußballfieber gepackt.

Je nach Abschneiden unserer Sportler gibt es dann entweder eine kurze Hochstimmung oder ein kurzes Stimmungstief.
Erfahrene Pädagogen sorgen dafür, dass Kinder, welche den Unterricht stören, abgesondert oder gar ausgeschlossen werden, damit sie die anderen Schüler nicht mit störendem Verhalten anstecken. Wachsame Diktatoren sind sehr darauf bedacht, erste Anzeichen von Widerstand im Keim zu ersticken, damit ein größerer Aufruhr verhindert wird. Wenn es unter wenigen Untertanen eine Stimmung gegen den Herrscher gibt, muss er fürchten, dass eine solche Stimmung auch auf andere Menschen übergreifen kann.
Seelische Zustände, Stimmungen sind ansteckend. Können nun aber körperliche Krankheiten ansteckend sein? Bis vor der mikrobiologischen Ära des 19. Jahrhunderts waren Bakterien und Viren als Krankheitsursachen unbekannt. Dennoch war in der damaligen Zeit von ansteckenden Krankheiten die Rede. Welche Vorstellung hatten die Menschen von der Ansteckung? Ausbrüche von Pest, Pocken und Schwindsucht waren bei Menschen, die in den Städten auf engem Raum zusammenlebten, viel häufiger als bei Menschen mit geräumigen Wohnverhältnissen. Es gab Pflegepersonen, die Pockenkranke pflegten, selbst aber daran nicht erkrankten. Andere wiederum wurden schon nach kurzer Zeit krank, wenn sie sich in der Nähe von an Pocken erkrankten Menschen aufgehalten hatten. Aber auch Menschen, die allein lebten, erkrankten an Pocken. Schwindsucht ist auch bei Menschen vorgekommen, die in der Einsamkeit lebten und nicht mit schwindsüchtigen Kranken in engem Kontakt lebten.

So wie sich eine schlechte Stimmung von Mensch zu Mensch ausbreiten kann, so glaubten die Menschen, können auch körperliche Krankheiten auf Menschen der Umgebung übergreifen. Doch was wussten die Menschen von Krankheiten überhaupt, was hatten sie für ein Wissen und was waren ihre Vorstellungen von der Entstehung von Krankheiten?

In der kalten Jahreszeit, Ende Jänner bis Mitte Feber, haben wir die meisten Grippefälle im Jahr. Wenn uns dann die Medien darüber informieren, dass die Grippewelle voll ausgebrochen ist, ganze Schulen gesperrt sind, und die Verliebten sich wegen der Ansteckungsgefahr nur heimlich küssen, dann werden einige Menschen ihre Erkältung schlimmer als sonst empfinden.
Ende April 2009, vor Beginn der heißen Jahreszeit, sind in Mexico City, einer Stadt mit 24 Millionen Einwohnern, im Laufe einiger Wochen mehrere hundert Menschen an einer Sommergrippe erkrankt. Etliche Menschen sind daran auch gestorben. Trotz des starken internationalen Flugverkehrs ist es bei uns nicht zum Ausbruch von Grippeepidemien gekommen. Einige Menschen, die von ihrer Natur her vor Krankheiten besonders Angst haben, waren durch die ständigen Berichte verängstigt. Die warme Jahreszeit ließ eine dramatische Ausbreitung der Grippe einfach nicht zu. Auch wenn die WHO ihre Warnstufen ganz nach oben schraubte und wenn nach den Alarmplänen der Beamten des Gesundheitsministeriums mehr als tausend Spitalsbetten bereit standen, gab es nicht mehr Grippefälle als im Vergleich zum langjährigen Durchschnitt.

Bis 2009 sprachen die Ärzte von einer Sommergrippe, wenn wir eben im Sommer an einer Grippe erkrankten. Diesmal hieß die Grippe zuerst Mexikogrippe. Nachdem sie in die USA und nach Europa entkommen war, wurde aus ihr die Schweinegrippe.

– Vielleicht weil wir eben Schwein (österreichischer Begriff für Glück) gehabt haben: Die Grippe verlief nämlich wie jede Grippe im Sommer fast immer harmlos. Möglicherweise mit Rücksicht auf die Schweinewirtschaft wurde aus der Schweinegrippe die Neue Grippe.

Wir müssen also zur Kenntnis nehmen, dass die Ansteckung durch die Mexiko-Schweine-Neue Grippe zu keinem merkbaren Anstieg der Grippefälle führte. Angesteckt wurden von ihr die Medien in ihren Schlagzeilen und die für die Ansteckung zuständigen Behörden mit ihren Maßnahmen. Einem Amtsarzt in einer Stadt in Kärnten hat die Ansteckung besonders arg mitgespielt. Er musste einen Kindergarten sperren lassen, weil die Pädagogin eine Freundin besucht hatte, die laut einem positiven Virustest die Neue Grippe von Mallorca mitgebracht hatte. Bis in die Nacht wurde an einem Prophylaxe-Plan gearbeitet.[1] Das Ergebnis dieser mühevollen nächtlichen Sondersitzung lautete: *Tamiflu* verteilen. Angesteckt wurden von dieser Grippe auch die Labors der Virusdiagnostik. Die Bediensteten der Viruslabors mussten mit Hochdruck arbeiten.

Diese Tests können sich zunächst nur die reicheren Länder leisten. Die ansteckende Grippe grassierte daher vorläufig nur bei uns.

Wie geht die Ansteckung vor sich?

Unter *Infektion* wird heute allgemein das Eindringen von Bakterien und Viren verstanden.

Als *Kontamination* (Befleckung) wird in diesem Zusammenhang das Verunreinigen des Körpers mit infektiösem Material bezeichnet. Kontamination bedeutet nicht, dass deswegen schon eine Krankheit ausbricht.

Infektionskrankheiten gelten als ansteckend. Ansteckung und Infektion ist aber nicht dasselbe. Heute werden beide Begriffe meist vermischt und durcheinander gebracht.

1 http://kaernten.orf.at/stories/374123/

Ein Abszess an der Zahnwurzel wird als Infektion bezeichnet, wird aber nicht als ansteckend

angesehen. Es ist bald so weit, dass der Nachweis von Mikroben gleichzeitig Infektionskrankheit und Ansteckung bedeutet. Mit dem Begriff Ansteckung versuchen wir zu erklären, warum ein und dieselbe Krankheit auch bei andern Menschen auftritt. Hierher gehört auch noch die Vorstellung, dass Krankheiten übertragen werden können.

Immer wieder wird den Medizinstudenten die bekannte Geschichte von den vernichtenden Pockenausbrüchen in den Indianerdörfern zum Beweis dafür, dass Pocken übertragbar sind, vorgetragen. Die schlauen europäischen Eroberer sollen demnach Tücher mit Pockenflüssigkeit versehen und dann heimlich in die Zelte der Indianer gelegt haben. Nachdem die unwissenden Indianer diese Tücher ausgebreitet hatten, seien ganze Dörfer durch die Pocken ausgerottet worden. Könnte diese Geschichte nicht dazu dienen, um die Wahrheit zu verschleiern, dass mordlustige Soldaten ganze Dörfer mit ihren Gewehren umgebracht haben? Und wäre diese Geschichte auch wahr, so müssten wir doch etwas nachdenken statt über die gelungene Ansteckung zu jubeln. Welche Menschen haben an solchen Geschichten Freude und was für Menschen müssen das gewesen sein, die unschuldige, unwissende und wehrlose Frauen und Kinder auf diese Weise umgebracht haben?

Die gängige Vorstellung über ansteckende Krankheiten möchte ich an folgendem Beispiel zeigen: Leonie besucht den Kindergarten und hat seit einigen Tagen Husten. Sie spielt mit Marcel und er beginnt am nächsten Tag auch zu husten. Und schon wissen wir, woher Marcel den Husten hat. Es ist ganz einfach. Leonie hat ausgehustet. Die Tröpfchen sind über die Luft in die Nase oder den Mund von Marcel gelangt. In der ausgehusteten Luft waren Bakterien oder Viren. Diese sind in die Bronchien hinuntergewandertund schädigen die Bronchien von Marcel. Mit dieser Erklä rung könnten wir uns zufrieden geben, wenn es wirklich so wäre. Aber dagegen sprechen einige Dinge.

Nicht jeder wird krank

Neben Marcel gibt es in der Kindergartengruppe noch Nicole, Denise, Janine, Jean, Luc u.s.f. Alle andern haben auch mit Leonie gespielt, wurden auch angehustet, in den Tröpfchen der Luft waren auch Bakterien oder Viren. Alle andern husten aber nicht. Dass die übrigen Kinder nicht Husten bekommen, wird gerne so erklärt: Diese Kinder haben eben ein stärkeres Immunsystem, das mit den Mikroben von Leonie besser fertig wird. Können wir uns mit dieser Erklärung zufrieden geben?

Sicher ist einmal, dass nicht jede Ansteckung krank macht.

Was wäre, wenn Leonie nicht gehustet hätte? Hätte Marcel dann sicher keinen Husten bekommen? Wissen wir das ganz sicher?
Es stellt sich heraus, dass der Husten von Marcel schon nach wenigen Tagen aufgehört hat, während Leonie noch immer hustet. Offenbar hat Leonie einen schwereren Husten als Marcel. Aber warum ist der Husten von Leonie so schwer? Und warum, fragen wir weiter, hat sie ein schwächeres Immunsystem?

Andere Faktoren oder die Ansteckung

Warum ist Leonie anfällig und dauert ihr Husten viel länger als bei Marcel? Sollten wir unsere Untersuchung nicht auf die Umgebung, das Umfeld, die Lebensbedingungen von Leonie richten? Wie ist es möglich, dass die meisten Kinder gar nicht husten, ein Kind nur kurze Zeit hustet, sie aber schon länger nicht gesund ist und noch immer krank ist. Bei den andern Kindern gab es ja auch Bakterien, die in der Luft übertragen werden. Gibt es vielleicht andere Faktoren, die Leonies Immunsystem schwächen? Ist es nicht viel wahrscheinlicher, dass in Wirklichkeit andere Faktoren die eigentliche Ursache von Leonies Husten sind?

Die Vorstellung, es fliegen da ständig Mikroben herum, die bei Gesunden halt nichts ausrichten können, erscheint doch etwas oberflächlich. Es muss offensichtlich noch gewichtigere Ursachen für den Husten von Leonie geben.

Die im 19. Jahrhundert noch weit verbreitete Lungentuberkulose ist mit dem zunehmenden Wohlstand immer seltener geworden. Die Lebensbedingungen (ausreichend zu essen, warme Kleidung, Sauberkeit, menschenwürdiges Wohnen etc.) sind dank des technischen und sozialen Fortschritts ständig besser geworden. Die Tuberkulose wurde wegen der elenden sozialen Verhältnisse der Menschen von damals Proletenkrankheit genannt. Wenn heute bei uns vereinzelt Menschen an Tuberkulose erkranken, wäre es die Aufgabe der Ärzte, genau die Lebensumstände und Lebensgewohnheiten der betroffenen Personen zu erfragen, um die Gründe für diesen Ausbruch zu finden. Die Untersuchung des Falles an Tuberkulose verläuft einseitig in eine ganz andere Richtung. Es werden völlig veraltete, praktisch nichts aussagende Hauttests durchgeführt und Lungenröntgen von Personen, die mit dem Erkrankten zusammenleben, verlangt. Wäre es nicht ehrlicher und konsequenter, gleich auf deren Lebensbedingungen einzugehen, als sich mit einem nichtssagenden Hauttest, Einweisung ins Spital und Chemotherapie zu begnügen?

Wir kehren noch einmal zu Leonies Husten zurück. Eine sorgfältige Untersuchung von Leonie ist notwendig. Dazu gehören auch die Fragen nach Ernährung, Kleidung, Wohnverhältnis, Bewegung,

Aufenthalt an der frischen Luft, Badegewohnheiten, ausreichend Schlaf und vor allem die Frage nach dem seelischen Umfeld, der Familie. Es wird uns gelingen, Faktoren, die ihrer Gesundheit schaden, zu finden und diese auszuschalten. Dann wird auch sie zu den andern Kindern gehören können, die trotz herumschwirrender Mikroben keinen längeren Husten bekommen.

Lässt sich die Ansteckung beweisen?

Wenn in einer kinderreichen Familie Masern auftreten, erkrankt einer nach dem anderen. Aus diesem Grund wird vermutet, dass einer den anderen angesteckt hat. Aber ist das nicht eine bloße Vermutung? Haben wir einen Beweis dafür? Tatsache ist nur, dass einer nach dem anderen krank wird. Wie kommen wir zu dieser Erklärung?

Lange, bevor wir von Bakterien und Viren etwas wussten, wurde auch von Ansteckung gesprochen. Was war aber mit Ansteckung gemeint? Für Krankheiten, die durch Verletzung oder Vergiftung verursacht sind, brauchen wir keine Erklärung zu suchen. Aber für viele andere Krankheiten fehlen uns klare und einsichtige Erklärungen. Je nach Kultur und Stand der Wissenschaft haben wir es mit verschiedenen Vorstellungen zu tun.

Das Wort Ansteckung soll zum Ausdruck bringen, dass ein Mensch von einer krankmachenden Sache, einer krankmachenden Kraft angesteckt wurde, die jetzt in der kranken Person die Symptome verursacht. Vielfach wurde statt Ansteckung auch der Begriff Befleckung verwendet. Mit Ansteckung verbindet der Mensch nicht nur materielle Verunreinigung, sondern auch geistig-seelische Vorgänge. Die Krankheiten selbst wurden und werden auch heute noch als geistige Wesen aufgefasst und empfunden. Dafür ist die vorwiegend aus mythologischen Quellen verwobene Tollwut ein klassisches Beispiel. Allein der Gedanke an Tollwut vermag schauerliche Vorstellungen auszulösen. Für diese Krankheit gibt es heute noch kein eindeutiges pathologisch anatomisches Substrat, keine verlässliche serologische Diagnostik, ganz zu schweigen von klaren klinischen Symptomen.

Wie schon im Kapitel über das Virus angeführt, zitiere ich noch einmal den Ortsvorsteher eines obersteirischen Ortes: In der Ortschronik von Traboch aus dem Jahre 1870 steht zu lesen: *»Der Ortsvorsteher empfiehlt alle Kranken, besonders die Kinder, welche mit ansteckenden Viren behaftet sind, in separaten Zimmern unterzubringen.«* Zu dieser Zeit war das Wissen über Bakterien noch nicht verbreitet, auf keinem Fall das Wissen über Viren im heutigen Sinne.

Das ansteckende Agens war bis zur modernen Zeit herauf ein imaginäres Ding. Es war nicht nachzuweisen, dennoch galt die Ansteckung als eine der wichtigsten Krankheitsursachen.

VIRUS KAM MIT MUSIKKAPELLE
Polizei hebt illegale Virusschlepperbande aus

Salzburg: Offenbar wurde das Masern-Virus, das in Salzburg für eine Ansteckung sorgte, durch eine Musikkapelle eingeschleppt, die an der Waldorfschule auftrat, ergaben die polizeilichen Ermittlungen. Die Polizei hat also endgültig ihren fixen Bestandteil in der Virusermittlung eingenommen. Wir können uns ab jetzt die ganzen Virusbestimmungen in den sauteuren Speziallabors sparen: Ein Anruf bei der Salzburger Polizei scheint zu genügen. Und bereits nach kurzer Zeit werden auch prompt die »Schlepper« des Virus ausgeforscht: eine Musikkapelle. Die Musikkapelle war sicher eine lang gesuchte virile Schlepperbande und hat in der Waldorfschule eine illegale Masern- Hip-Hop-Party veranstaltet. Sie haben auch den Kopf der Virus-Bande verhört, der angeblich einen Maserati fährt.

Wir haben den Beweis in der Hand – oder?

Seit Ende des 19. Jahrhunderts sehen wir die Bakterien mit Hilfe des Lichtmikroskops und seit 1940 sehen wir auch die längst gesuchten Viren im Elektronenmikroskop. Wir sehen diese Mikroorganismen, aber sind sie wirklich die Krankheitsverursacher? Wir finden diese Wesen oft auch bei Gesunden. So z. B. die *Meningokokken* im Bereich der Nasenschleimhaut, die beim dramatischen Krankheitsbild der Meningokokkensepsis eine wichtige Rolle spielen, aber nicht die eigentliche Ursache sein können. Wir könnten ja ebenso die weißen Blutkörperchen, die bei bestimmten Krankheiten vermehrt sind, als Ursache für Krankheiten bezeichnen. Das

Selbe gilt für Viren, die bei einer Gruppe von Krankheiten vermehrt nachzuweisen sind.

Der entscheidende Beweis, dass das Bakterium von der Person A auf die Person B übergesprungen ist, fehlt. Selbst dann, wenn wir im Experiment eine Bakterienkultur aus einem Menschen in den Körper eines anderen Menschen verpflanzten, wüssten wir nicht, welche von vielen möglichen Reaktionen eintritt. Um die Krankheit des Menschen A im Körper des Menschen B hervorzurufen, müssten bei diesem dieselben Krankheitsbedingungen des Menschen A vorhanden sein. Die Krankheit ist immer eine Reaktion des Individuums auf eine Schädigung. Die Krankheit als eigenes Wesen ist Fiktion. Krankheiten einfach zu übertragen, ist aus diesen Gründen nur in der Theorie möglich. Wenn nicht die Bedingungen, persönliche Krankheitsneigung, augenblickliche Verfassung, aktuelles Klima, Ernährungszustand, Lebensgewohnheiten etc. für eine bestimmte Krankheit empfänglich machen, kann selbst das Einbringen von bakteriellen Kulturen nur vorübergehende und je nach Person unterschiedlich starke Reaktionen bewirken.

Die Krankheit ist immer eine Reaktion des Individuums auf eine Schädigung.

Den heutigen Medizinstudenten werden die Vorgänge um Ansteckung und Infektion nur sehr verkürzt gelehrt. Vor allem werden ihnen die Theorien als Faktum dargestellt. Es müsste den Äskula schülern doch zu denken geben, dass ihnen ein Wissen vorgetragen wird, das aus dem 19. Jahrhundert stammt. Sie erfahren kaum etwas von den großen Auseinandersetzungen zur Frage der Infektion, über die sich die Begründer der Medizin viel Gedanken gemacht haben. So erklärte Rudolf Virchow: *»Die jetzige Generation* *hat angefangen, diese (Infektions-)Krankheiten in eine einzige Gruppe zusammenzufassen und damit die Begriffe Infektion und Kontagion gleichbedeutend zu gebrauchen.«*[2]

Leider ist eines der bedeutendsten Dokumente der Medizingeschichte den wenigsten Ärzten von heute bekannt. Es handelt sich dabei um den Brief von Professor *Max Pettenkofer* an *Robert Koch.* Pettenkofer war es gelungen, die Cholera in der Stadt München dadurch auszurotten, dass er die insuffizienten Abortanlagen der Stadt ausforschte und eine effektive Kanalisation erstellen ließ.

Pettenkofer widersprach der Theorie von Robert Koch, dass Bazillen die Krankheitsursache schlechthin wären.

Um eben diese Theorie zu widerlegen, machte er den unten beschriebenen Selbstversuch. Außer leichten Durchfällen über einige Tage hat dieses Experiment keine ernste Krankheit hervorgerufen.

»Herr Doktor Pettenkofer übermittelt seine Komplimente an Herrn Professor Doktor Koch und dankt herzlich für die Übersendung des Fläschchens mit der sogenannten Cholera-Vibrio. Herr Doktor Pettenkofer hat nun den gesamten Inhalt getrunken und freut sich, Herrn Dr. Koch davon in Kenntnis setzen zu können, dass er sich weiterhin in aufrechter, guter Gesundheit befindet.«[3]

Die monomane, einseitige Sicht der Krankheitsentstehung durch Krankheitskeime kommt bei oberflächlichen Denkern nach wie vor gut an. Die Propaganda sorgt dafür, dass diese Vorstellung aufrechterhalten bleibt

---

2 13. Internationaler Medizinischer Kongress zu Paris, 2. August 1900, aus Großgebauer, Kurze Geschichte der Mikroben.

3 Das Medizinkartell, Bert Ehgartner, Kurt Langbein, Juli, 2003, Piper Verlag, S.59.

Warum dann Quarantäne?

Ansteckung hat mit der Idee von Befleckung, Verschmutzung, etwas Unsauberem zu tun. Viele Heilmethoden beruhen auf der Idee, Köper und Seele von Schmutz zu reinigen. Viel Wasser trinken, Einläufe, Aderlass, Fastenkuren und weitere Anwendungen dieser Richtung gehen auf die Sehnsucht zurück, den Körper von Schmutz zu befreien. Auch das Fremde empfinden die meisten Menschen mehr oder weniger als unrein. Erst nachdem Menschen miteinander vertraut sind, schwindet allmählich die Abneigung gegen die Fremden. Dieses Verhalten ist zugleich wichtig, um die eigene Person und ihr engstes Umfeld gegen Einflüsse von außen zu bewahren.

Eine krankhaft gesteigerte Abneigung gegen alles Fremde findet sich bei einer seelischen Störung, dem Narzissmus. Bei diesem Verhalten ist der Mensch nur in sich selbst verliebt, findet nur sich selbst rein und schön. Dieser Fehlhaltung begegnen wir auch im Rassismus, Nationalismus oder übertriebenem Patriotismus. In Exzessen hatte diese Haltung im Nationalsozialismus ausgeartet, wo der Gedanke von der reinen Rasse kultiviert wurde. Zigeuner, Juden und andere wurden wie Ungeziefer betrachtet. Ich kenne Amtsärzte, die von der Notwendigkeit sprechen, Ausländer, Flüchtlinge, Asylbewerber etc. zuerst einmal zu impfen, als wären sie damit rein zu bekommen.

Jeder hat schon davon gehört, dass Krankheiten auch von Fremden eingeschleppt wurden. Die Geschichte der Infektionskrankheiten ist reich an solchen Berichten. So hätten angeblich die europäischen Eroberer Scharlach nach Amerika exportiert, dafür hätten uns die Spanier mit der Syphilis beglückt, die sie aus Amerika mitgebracht hätten und die Pocken sollen von Kaufleuten aus Asien importiert worden sein. Diese Geschichten beruhen auf der Vorstellung, dass Krankheiten eigene feindselige und fremde Wesen sind. Zugleich dienen solche Fabeln dazu, gegen andere Länder und Nationen Stimmung zu machen. Nicht zuletzt ist es sehr bequem, die Schuld für Krankheiten anderen in die Schuhe zu schieben.

Das Wort Quarantäne hat bekanntlich einen religiösen Ursprung. Es bedeutet die vierzig Tage der Reinigung. Die Mutter Christi kam wie alle anderen Mütter Israels vierzig Tage nach der Geburt ihres Kindes in den Tempel nach Jerusalem, um das Reinigungsopfer darzubringen. Auch die Fastenzeit von vierzig Tagen gehört hier erwähnt. Wir sehen daraus, dass vieles, was wir heute der aufgeklärten, modernen Wissenschaft zuschreiben, letztlich in tiefen mystischen Themen der Menschheit ihre Wurzel hat. Vieles, was wir in der Medizin Wissenschaft nennen, beruht auf religiösen Vorstellungen.

Und was ist mit den Geschlechtskrankheiten?

Mit einem extremen Sonderfall der Ansteckung oder Krankheitsübertragung haben wir es bei den sexuell übertragbaren Krankheiten, den STD (Sexually Transmitted Deseases) zu tun. Zur Zeit meines Medizinstudiums war nur von vier Geschlechtskrankheiten die Rede. Heute werden je nach Quellen über dreißig solcher Krankheiten angegeben. Zum besseren Verständnis der vielen Arten von STD müssen wir einiges überlegen.

Beim sexuellen Verkehr kommt es im Bereich der Schleimhäute zu mehr oder weniger leichten Läsionen (Verletzungen). Dabei kommt es zu einem, wenn auch sehr geringen, gegenseitigen Austausch von Blut. Sind beide Menschen gesund, so hat sich das Immunsystem nur mit diesem Faktor auseinanderzusetzen. In einer monogamen Beziehung, also bei weiteren Kontakten mit demselben vertrauten Menschen, wird das Immunsystem nur anfangs spezielle Immunreaktionen, Entzündungen, Absonderungen etc. auslösen. Bei Sexualverkehr mit neuen, nicht vertrauten Partnern und vor allem bei sehr häufigem Verkehr mit verschiedensten Personen werden vermehrt heftige immunologische Prozesse zur Erhaltung der Immunität ausgelöst. Dazu gehören alle Entzündungsvorgänge, Fieber,

Schmerzen, Schwellungen, Ausfluss, Hautausschläge und Wucherungen (Genitalwarzen).
Im Genitalbereich von nun geschlechtskranken Menschen finden wir also Bezirke verletzter Schleimhaut, Absonderungen von Blut und krankhaft veränderten Schleim mit den zugehörigen Mikroorganismen. Es ist ein verhängnisvoller Fehler, diese aktuelle, lokale Erkrankung nur aus der bakteriologischen Perspektive zu betrachten, als wären hier zufällig missliebige Mikroben aus dem außerirdischen Bereich zu Besuch gewesen. Wenn wir alle anderen an der Krankheit verursachenden Faktoren ausblenden, dann gibt es nur eine Konsequenz, die Ausrottung der Bakterien und Viren. Dem scheinbaren und für kurze Zeit täuschenden Erfolg, der Scheinheilung, folgt dann aber ein Übergang in eine langwierige Krankheit, die bei Hinzutreten anderer Umstände bis zur Krebskrankheit führen kann. Auch bei den Geschlechtskrankheiten müssen wir die Frage stellen, wer denn als erster Mensch den andern angesteckt hat.

Von wem wurde denn der erste Patient angesteckt?

Was passiert nun mit dem frisch »infizierten« Sexualpartner? Wieder bestimmen zahlreiche Umstände den weiteren Verlauf. Wird ein Dämon in den Körper des Partners fahren, der ihm dieselbe Krankheit beschert? Wie wird der Organismus dieses Partners reagieren? Welche anlagebedingten Krankheitsneigungen hat er? Wie ist seine augenblickliche Verfassung? Wird er seinen Lebenswandel ändern? Die heute über dreißig bekannten Arten der STD geben uns die Antwort. Es kann eine kaum wahrnehmbare Immunreaktion geben und es können alle leichten und schweren Arten von STD folgen. Diese sind eben bedingt von der Konstitution und abhängig von den Lebensbedingungen der »angesteckten « Person. Die Lehrmeinung Syphilis erzeugt Syphilis und Tripper erzeugt Tripper entpuppt sich doch als ein sehr simples Dogma.

Welche Bakterien, Viren oder Pilze werden vom ersten Kranken auf den neuen Patienten überspringen? Das Immunsystem wird im Körper dieses Patienten jene Mikroben und Abwehrzellen bereitstellen, die für die Abstoßung des fremden Blutes, der kranken fremden Zellen und der fremden Ausscheidungen notwendig sind. Geschlechtskrankheiten sind individuelle Abstoßungsreaktionen. Die Prognose der betroffenen Menschen wird von ihrer Natur, ihrer Lebensweise und der Behandlung bestimmt.

Inkubationszeit

> Das Leben ist eine sexuell übertragbare Krankheit, die nach einer durchschnittlichen Inkubationszeit von 77 Jahren zum Tode führt.
>
> *Claus Köhnlein, Internist, Kiel*

Kinderkrankheiten gelten mehr oder weniger als ansteckend. Vor 50 Jahren sind diese Krankheiten oft noch schwer verlaufen. Ausreichende Ernährung, ideale Wohnungsverhältnisse, saubere Kleidung und gute Pflege haben dazu geführt, dass Masern, Schafblattern, Röteln etc. zum allergrößten Teil harmlos verlaufen. Es ist daher höchst verwunderlich, dass Masern, Schafblattern, Röteln erst vor wenigen Jahren meldepflichtig geworden sind. Vermutlich sollen Eltern und Ärzteschaft durch diese Maßnahme daran erinnert werden, dass es hier um ansteckende Krankheiten geht, auch wenn diese bei uns harmlos geworden sind.
Um der Erklärung, dass Kinderkrankheiten ansteckend sind, Gewicht zu verleihen, wurden Inkubationszeiten festgelegt, also jene Zeit vom angenommenen Eindringen des Krankheitserregers bis zum Hervortreten deutlicher Krankheitssymptome. Im Durchschnitt bewegen sich diese Zeiten zwischen 7 und 21 Tagen. Es

kann dann noch einige Abweichungen geben, wie es eben bei biologischen Prozessen zu erwarten ist. Etwas überraschend flexibel sind die Inkubationszeiten für Hepatitis. Wird für Hepatitis A eine Inkubationszeit von 10 bis 40 Tagen angegeben, so gilt für Hepatitis B eine Zeit von 1 bis 6 Monaten. Auch für Tollwut wurde eine Inkubationszeit festgesetzt. Diese kann bis zu einem Jahr betragen, ja sogar bis zu zwei Jahren.

Für die modernste der ansteckenden Krankheiten, nämlich AIDS, werden uns Möglichkeiten von einigen Monaten bis 15 (!) Jahren angeboten. Für die Lepra wurde sogar eine Ansteckungszeit von 1 bis zu 30 Jahren festgelegt.

Welche Spielräume in Bezug auf Inkubationszeiten uns doch die Natur schenkt … Für alle diese Zeiten gibt es keine exakten Messmethoden, sie beruhen auf Annahmen und der Hypothese der Ansteckung selbst.

Ansteckung und Propaganda

Verkäufer sind die besten Psychologen. Niemand sonst kennt die Schwächen der Menschen so gut wie Kaufleute. Warum ist das Wort Ansteckung für die Propaganda von solcher Wichtigkeit?
Schon im Altertum wurden Menschen mit Geschwüren an der Haut abgesondert. Sie mussten die Stadt verlassen und außerhalb der Stadtmauern leben. Mit anderen Worten heißt das, sie wurden ausgesetzt. Ihre Krankheit hat daher den Namen Aussatz erhalten. Heute nennen wir diese Krankheit Lepra. Die Ursache dieser Krankheit sind schwere Mangelzustände an Vitamin B. Der Antibiotikaindustrie gelingt es immer wieder, dieses Leiden als eine ansteckende, bakterielle Krankheit zu deklarieren.

Die an Lepra leidenden Menschen wurden ausgesetzt, weil der Anblick solcher Menschen Ekel hervorruft und abstoßend ist. Das Elend dieser Menschen wirkt sich auch auf die allgemeine Stimmung des Staates negativ aus. Auch heute werden Menschen abgesondert, wenn sie von einer als ansteckend erklärten Krankheit befallen sind. Aber auch Menschen, die an Schuppenflechte leiden, können kaum ein öffentliches Bad besuchen. In ihrer Umgebung fragen die Kinder ihre Eltern flüsternd, ob diese Leute eine ansteckende Krankheit haben.
Das Wort Ansteckung ruft in uns meistens negative Gefühle hervor. Wir denken zuerst einmal an eine Gefahr für unsere Gesundheit. Eltern fragen häufig, wenn ihre Kinder an einer eitrigen Angina oder an einer Lungenentzündung erkrankt sind, ob das jetzt ansteckend sei.

Die Impfbetreiber streichen die Ansteckungsgefahr der Kinderkrankheiten heute besonders heraus.

So sprechen sie bei den wirklich harmlosen *Schafblattern* (Feuchtblattern, Windpocken oder Varizellen) davon, dass diese *hoch infektiös* sind. Indem sie die hohe Infektiosität in den Vordergrund stellen, wird bei verunsicherten Menschen der Eindruck geweckt, als ginge es bei Schafblattern um eine schwere Gefahr für die Gesundheit. Es gibt einen Satz, den die Impfbetreiber immer wieder verwenden: »Was machst du, wenn du mit diesem Virus angesteckt wirst?« Auch von der aktuellen Schweinegrippe heißt es täglich in den Medien: »Es wurden bisher so viele Menschen von der Schweinegrippe infiziert.« Denn Infektion und Ansteckung klingen auf jeden Fall bedrohlicher als ein Krankheitsname allein. Wie es diesen Patienten aber geht, davon wird nichts berichtet. Statt an Grippe erkrankte Menschen zeigen sie uns in den Medien meistens vermummte, Laborröhrchen schüttelnde Spezialisten.

Ansteckung ist auch mit Schuldgefühlen verbunden. Irgendeiner hat mit der Ansteckung angefangen. Es ist ein großer Unterschied, ob ich jemanden angesteckt habe oder ob ich durch jemanden angesteckt wurde.

Wenn ich angesteckt wurde, dann gelte ich als Opfer, der Mitleid verdient. Geht die Ansteckung von mir aus, dann laufe ich Gefahr, als Täter betrachtet zu werden. Im Zusammenhang mit venerischen Krankheiten werden Prostituierte oft zu hohen Geldstrafen verurteilt, wenn sich ihre Kunden »infiziert« haben. Diese einseitige Sicht empört mich und ich sehe darin den Ausbund an Heuchelei.

Einen Schuldigen für ein Übel zu suchen, ist zu allen Zeiten beliebt. Anlässlich des Masernausbruches in Salzburg 2008, der von den Impfbetreibern geschickt zur Epidemie erklärt wurde, hatte die Landesregierung sogar die Staatsanwaltschaft bemüht, die Schuldigen für die Salzburger Masern zu finden.

In Österreich wurden die Vogelgrippe und die Schweine-Neue Grippe als meldepflichtig in das Epidemiegesetz aufgenommen. Beide Krankheiten gelten als übertragbar. Nach Meldungen des

Gesundheitsministeriums gab es bisher keinen schweren Verlauf dieser neuen Grippe. Aus welchem Grunde wird eine Krankheit ins Epidemiegesetz aufgenommen, an der kein Mensch bisher ernst erkrankt ist? Diese beiden Krankheiten kann kein Arzt feststellen. Der Virustest selbst ist ein bloßer Hilfsbefund. Es werden damit nur Virustypen und Untergruppen klassifiziert. Für den klinischen Verlauf und die Schwere der Erkrankung sind sie ohne Aussagekraft. Auch dass die Neue Grippe ansteckend sein soll, können wir durch diesen Test nicht beweisen. Wir wissen nur, dass bestimmte Virustypen anzutreffen sind. Außerdem wissen wir über die wirkliche, immunologische Bedeutung dieser Zellpartikel und ihre Genese (Entstehung) noch viel zu wenig.
Ich bleibe dabei: Auch die Sommergrippe, neuer Name – neue Grippe, ist eine reine Erkältungskrankheit, die eben im Sommer harmlos verläuft, weil sich schwere und wiederholte Erkältungen im Sommer selten ereignen.
Ansteckung wurde vielfach an geistigen und emotionalen Vorgängen beobachtet. Dass Krankheiten, insbesondere vorwiegend körperliche Krankheiten, ansteckend sind, wurde oft angenommen. Bei genauerem Hinsehen stellt sich heraus, dass viele als ansteckend geltende Krankheiten andere Ursachen haben. Diese Ursachen sind vor allem schlechte Lebensbedingungen, Unterernährung, Hunger, Schmutz, Mangel an Kleidung, Kriege etc. Einen nach allen Regeln der modernen Wissenschaft exakten, eindeutigen Beweis für Ansteckungen zu erbringen, ist bis heute nicht gelungen. Dass Krankheiten ansteckend sind, ist und bleibt eine Hypothese.

Es muss uns klar sein, dass die Behauptung, Krankheiten seien ansteckend, immer im Dienste politischer und gesellschaftlicher Interessen stand. Mit der Panikmache vor Ansteckungen haben die Impfbetreiber eines ihrer erfolgreichsten Propagandamittel in der Hand.

Das unsichtbare Virus
Wofür das Virus alles herhalten muss

Die Suche nach dem Virus

> An die Stelle des Glaubens an Krankheitsdämonen ist der Glaube an krankmachende Viren getreten.
>
> *Pathovacc 2006, Ärztesymposium, J. Loibner*

Seit der Entdeckung des Tuberkelbazillus waren viele Forscher des 19. Jahrhunderts damit beschäftigt, weitere Bakterien zu finden. Bald werden alle Bakterien entdeckt sein. Diese sind »gezielt chemisch« zu beseitigen. Die Hoffnung blüht, auf diesem Wege alle Krankheiten zu besiegen. Die Vorstellung, dass die Bakterien die Krankheitsverursacher seien, wird allerdings nicht von allen bedeutenden Ärzten und Denkern geteilt. Dennoch hat sich diese Meinung bis heute durchgesetzt. Ein gigantischer Wirtschaftszweig, die Industrie der Antibiotika und Impfstoffe, lebt von dieser Meinung und hält diese mit eiserner Propaganda aufrecht. Beruhen doch diese Stoffe auf der Theorie der bösen Krankheitserreger, die von außen in unseren Körper eindringen.
Nachdem viele Bakterien entdeckt und benannt waren, blieben aber doch eine Reihe von Krankheiten übrig, bei welchen keine Bakterien zu finden waren. Mit immer feineren Bakterienfiltern hoffte man, die noch kleineren Bakterien zu entdecken. Es war vergeblich. So nannten die einen die eigentliche Krankheitsursache ein noch zu identifizierendes Toxin (Tetanus und Diphtherie), während die anderen weiterhin die Suche nach noch kleineren krankmachenden Lebewesen fortsetzten. Sie übernahmen für diese noch zu entdeckenden Wesen den Begriff *Virus*. Dieses Wort hatte schon der römische Arzt *Aulus Cornelius Celsus* verwendet,

der im Speichel von tollwütigen Hunden ein *Virus* (Gift) vermutet hatte. Dass Gifte krank machen und töten können, ist bekannt. Der Begriff Virus wurde aber auch als Ursache vieler Krankheiten verwendet. So war vom Pestvirus, Scharlachvirus, Malariavirus, Pockenvirus, Tollwutvirus schon vor Jahrhunderten die Rede. *Pasteur* hatte sogar einen Impfstoff aus einem Tollwutvirus gebastelt, das damals weder gesehen noch nachgewiesen werden konnte. Die Entwicklung immer besserer Mikroskope, vor allem des Elektronenmikroskops, führte zur Entdeckung viel kleinerer Zellelemente. Die Technik war also so weit, dass einige Forscher meinten, die lange gesuchten Viren gefunden zu haben. Im Lehrbuch von *Prof. Dr. Werner Kollath*, Universität Rostock, ist 1937 noch vom Virus invisibile die Rede gewesen.[4]
Sind aber nun jene Gebilde, die wir als Viren bezeichnen, tatsächlich die Bösewichter, welche von außen in unseren Körper gelangen und die Krankheiten verursachen? Was ist nach heutigem Wissen die Aufgabe und Funktion der nun als Viren bezeichneten Zellelemente? Geht es uns nicht so wie Kolumbus, der darüber jubelte, dass er Westindien entdeckt hat? War der Glaube, die entdeckten Bakterien seien die Ursache der Krankheiten, nicht ein verhängnisvoller Irrtum? Haben die Antibiotika, die als kausale Therapie gegen bakterielle Krankheiten gelten, nicht doch schon bald ausgedient? Kann ihr Platz nur durch eine massive Propaganda gehalten werden?

Die Erkenntnisse der modernen Mikrobiologie und Umweltmedizin lassen immer mehr Zweifel daran aufkommen, dass über die Vernichtung von Bakterien Krankheiten heilbar sind.

Müssen wir nun nicht auch die Vorstellung vom Virus neu überdenken?

4 Kollath, Werner: »Grundlagen, Methoden und Ziele der Hygiene«, Leipzig: Hirzel 1937.

Viren ausrotten

Die WHO erklärte im Jahre 1980 die Pocken für ausgerottet. Dies deswegen, weil es mit der weltweit durchgeführten Pockenimpfung gelungen sei, alle Pockenviren zu vernichten.

Offiziell heißt es, dass es Pockenviren zu Forschungszwecken nur noch an zwei Orten der Welt gebe.

Diese sollen sich in zwei Hochsicherheitslabors, eines in Atlanta und ein zweites in Novosibirsk, befinden. Dazu ergeben sich nun mehrere Fragen:
War es wirklich möglich, alle Menschen der Erde vom Kind bis zum Greis lückenlos zu impfen? Wurden da nicht einige Menschen übersehen und das Virus kursiert noch immer irgendwo unerkannt, außerhalb der sicheren Mauern der von Soldaten und Monitoren bewachten Labors?
Wenn nun die Viren im Freien und auch bei Tieren leben, wie ist es gelungen, diese mit der Impfung zu erfassen?

Warum war es notwendig, vor dem Irakkrieg 2003 das medizinische Personal und die Soldaten gegen Pocken zu impfen, wenn doch die Pockenviren ausgerottet sind?

Weltweit haben die Regierungen, darunter auch Deutschland und Österreich, ausreichend Impfstoffe gegen das »tödlichste aller Viren« gekauft; gibt es also nun doch noch anderswo Pockenviren?

Richten sich Viren vielleicht nicht an offizielle Erklärungen der WHO?

Seit Jahrzehnten versucht die WHO, die Masern und Polio mit Hilfe groß angelegter Impfprogramme auszurotten und es wurde schon mehrere Male das Ende »dieser Seuchen« angekündigt. Immer wieder gibt es aber Masernausbrüche und vereinzelt Poliofälle, auch in bestens durchgeimpften Ländern der Welt.

Sollten doch noch Pockenviren existieren? In Ländern großer Armut gibt es immer wieder Pockenalarm. Dann werden unverzüglich Experten des CDC, des Center for Disease Control, (amerikanische Seuchenbehörde) zu Rate geholt, welche dann regelmäßig Entwarnung geben und von bloßen Verwandten der Pockenviren sprechen. Es gelte da differentialdiagnostisch zu unterscheiden zwischen Pocken-, Herpes-, Varizellen- und weiteren noch näher zu klassifizierenden Viren.

Virusdiagnostik

Wenn ein Arzt im 19. Jahrhundert dank der Färbetechnik und der verbesserten Mikroskope zum ersten Mal ein neues Bakterium sah, erlangte er Weltruhm und wurde sogleich in die ehrwürdige Liste der großen Forscher und Wohltäter der Menschheit aufgenommen. Im Laufe der weiteren Entwicklung der Bakteriologie stellte sich heraus, dass es zahlreiche Untergruppen eines Bakteriums gibt. Schon *L. Pasteur* hatte beobachtet, dass Bakterien je nach Zusammensetzung des Nährbodens ihre Form verändern. So nahmen stäbchenförmige Mikroben *(Bazillen)* je nach Säuregrad immer mehr kugelförmige *(Kokken)* Gestalt an oder umgekehrt. Das Phänomen, dass Mikroben ihre Form je nach der Beschaffenheit des Nährmediums ändern, nannten die Forscher *Pleomorphie.* Diese Tatsache hat dazu geführt, dass einige Forscher die Meinung vertreten, dass Bakterien keine eigene Entität besitzen. Bakterien sind demnach Zellorganismen, die ihre Form und Funktion je nach Gewebe und Umgebung den Erfordernissen des jeweiligen Organismus anpassen.

Eine der prominentesten Vertreter der *Endosymbiontentheorie* ist die amerikanische Biologin und Forscherin *Lynn Margulis.* Nach Sicht dieser Biologin sind Plastiden und Mitochondrien eigenständige prokaryotische (ohne Zellkern) Organismen, welche in einer symbiontischen Beziehung zu anderen Zellen stehen. Eukaryotische (mit Zellkern) Zellen enthalten Elemente von Prokaryonten. Mitochondrien sind demnach an Funktionen der Zellen angepasste Bakterien und nehmen für die Zelle unentbehrliche Funktionen wahr.

Wenn schon die wesentlich höher entwickelten Bakterien ihre Eigenschaften ändern, um wie viel mehr ändern sich da erst die um vieles niedriger organisierten Viren. Kaum wird ein Virus identifiziert, haben wir es in kürzester Zeit mit einer Vielzahl von Untertypen zu tun.

Dies ist uns im Zusammenhang mit der HPVImpfung aufgefallen. Nur einige wenige Untertypen sollen für die Entwicklung der *Humanen Papillom-Viren* verantwortlich sein.

Ich möchte hier die von virologischen Instituten angebotenen diagnostischen Methoden aufzählen:

Antikörpertests: KBR, ELISA, HHT, IFT, NT, Immunoblot Polymerase Chain Reaction PCR, Sequenzanalyse Virusisolierung, direkter Nachweis

Eine eindeutige, exakte Virusdiagnose gibt es bis zum heutigen Tag noch nicht.

Die Antiköpertests sind indirekte Verfahren, kein direkter Nachweis. Auch mittels der PCR ist ein exakter Virusnachweis nicht möglich. Lediglich die Virusisolierung erlaubt einen sicheren Nachweis. Nun ist aber zu bedenken, dass auch das jeweilige isolierte Virus schon nach kurzer Zeit eine Änderung erfährt. Das Virus besteht nicht für sich allein wie in einem luftleeren Raum. Es kommuniziert mit den Elementen seiner Umgebung, es verändert seine Form und Eigenschaften, es mutiert ständig.

Unter Virologen ist daher davon die Rede, dass jemand ein bestimmtes Virus nur einmal sehen kann, denn beim nächsten Mal ist es nicht mehr dasselbe, was er vorher gesehen hat.

Die Methoden zur Virusbestimmung sind noch ständig in weiterer Entwicklung. Eine eindeutige, exakte Virusdiagnose gibt es bis zum heutigen Tag noch nicht.

Hier an dieser Stelle ist es Zeit, sich über den Nutzen der Virusdiagnostik Gedanken zu machen. Es ist nun einmal Aufgabe der Wissenschaft, die Geheimnisse des Lebens zu erforschen. In der Medizin soll die Virusdiagnostik zur Klärung der Diagnose und zur Beobachtung des Krankheitsverlaufes dienen. Klassifizierungen und Diagnostik der Viren sollten doch dazu beitragen, Heilmittel zu finden oder Heilmethoden zu entwickeln. Die bisher entwickelten antiviralen Substanzen greifen in immunologische Prozesse ein und rufen zwar Veränderungen im Körper hervor und haben beträchtliche Nebenwirkungen. Als Heilmittel haben sie bisher versagt.

Aber selbst wenn es möglich wäre, Viren exakt und sicher zu identifizieren, fehlt noch immer der Beweis, dass sie die Ursache der aktuellen Krankheit sind.

Die Meinung, dass die Viren – oder genauer gesagt das was wir heute im Elektronenmikroskop als Viren bezeichnen – die Krankheitsverursacher sein sollen, beruht auf einer Hypothese.

Diese geht wiederum zurück auf die Vorstellung, dass wir ständig von bösartigen Minimonstern bedroht werden.

Virus und Bedeutungswandel

Viren galten also als unbekanntes, unsichtbares, nicht zu fassendes Etwas, das sich, nachdem es einmal in den Körper gelangt ist, ausbreitet und Krankheiten hervorruft. In vorwissenschaftlichen Zeiten wurden unsichtbare Wesen, die in unserem Körper Schaden anrichten, als böse Dämonen bezeichnet. Ich bezweifle sehr, dass der aufgeklärte Mensch, auch der des 21. Jahrhunderts, von solchen abergläubischen Vorstellungen wirklich frei ist. Ich bin sogar fest überzeugt, dass viele Menschen, darunter auch Ärzte, ja selbst Wissenschaftler aus dem Bereich der Infektiologie, sich unter Viren reine Bösewichter vorstellen, die nur darauf aus sind, den Mensch anzugreifen. Die Betreiber von Impfungen nützen diese Vorstellungen für die Erzeugung von Panik geschickt aus. So ist von »Virusattacken« die Rede, »Killerviren greifen an«, »das Virus wird aggressiver«, »Grippeviren entfesselt« oder »das Virus hat getötet« und dergleichen mehr.

Sehr beliebt ist es, den Namen des Virus mit Ortsnamen zu bezeichnen. Zuerst wird über eine sehr bedrohliche Krankheit in einem bestimmten Land berichtet, damit die Welt zunächst einmal gründlich informiert wird. Die Meldungen werden mit den schon bekannten Bildern von vermummten »Forschern« mit sterilen Masken und knochenweißer Kleidung illustriert. Beim ahnungslosen Leser werden schon tiefe Ängste genährt. Bestimmte Orte des Globus sind besonders geeignet, den Namen für ein Virus zu tragen. Dazu gehören vor allem Namen aus dem fernen Osten, wie Hongkong, Singapur, dem feindlichen, eiskalten Moskau oder Namen aus dem finsteren, schmutzigen Afrika wie Ebola oder Westnil oder dem armen Mexiko. Mit diesen Orten verbindet der westliche Mensch Gefahren, Schmutz, Überbevölkerung und Ansteckung. Noch nie hat man von einem »Wallstreetvirus « gehört, das um die Welt geflogen ist. Seit es den internationalen Flugverkehr gibt, landen nun diese bestens bekannten Viren – früher waren es die Eroberer – auf den Flughäfen der reichen Länder. Statt mit umherziehenden Dämonen haben wir es heute mit geheimnisvollen Viren zu tun, die um den Globus herumfliegen.

Statt mit umherziehenden Dämonen haben wir es heute mit geheimnisvollen Viren zu tun, die um den Globus herumfliegen.

Die aktuell entwickelten Virentests werden neuerdings rechtzeitig, schon vor Ankunft der Viren, an die nationalen Referenzlabors verschickt, während nach Medienberichten an der Entwicklung von Impfstoffen schon fieberhaft gearbeitet wird. Auffällig ist, dass diese Viren eine gewisse Zeit exklusiv nur in den reichen Ländern grassieren, nämlich so lange, bis auch den armen Ländern die entsprechenden Virustests verkauft worden sind.
An die tiefsten archaischen Ängste rühren aber Namen von Viren, die von Tieren stammen. Die Betreiber der Impfungen gegen FSME waren selbst überrascht über den überwältigenden Erfolg ihrer Werbekampagne. Virustragende Zecken, als ekelige, Blut saugende Vampire, haben sich bisher als erfolgreichste Werbeträger von Impfungen erwiesen. Einer der Hersteller eines Impfstoffes gegen die FSME-Erkrankung wird mit Freude wahrnehmen, dass diese Krankheit immer häufiger TBE, also Tick-Borne-Enzephalitis (engl. tick – Zeck) genannt wird. Damit wird den unwissenden Menschen ständig vor Augen geführt, wie gefährlich Zecken sind. Dazu kommt, dass dann auch von verseuchten Zecken und sogar Hochrisikogebieten gesprochen wird. Die Erfinder der Schweinegrippe hofften auf einen ähnlichen Erfolg. Allerdings hätte sich dann die Schweinegrippe in den islamischen Ländern nicht so richtig durchsetzen können. Die neue Viruskrankheit wurde daher flugs auf »Neue Grippe« umbenannt. Welche politischen Gründe es dafür im Hintergrund gab, die Schweinegrippe gerade in Mexiko entstehen zu lassen, darüber wissen andere Leute besser Bescheid.

Virus und Ansteckung

Welchen Erfolg hätte die Propaganda mit Viren, wenn diese Viren nicht auch zugleich die ideale Erklärung für den Mechanismus der Ansteckung von Krankheiten lieferten. Das Phänomen der Ansteckung wird im Kapitel Ansteckung ausführlicher dargestellt. Die

gängige Vorstellung darüber, wie Krankheiten übertragen werden, kommt ohne Viren nicht aus. Schon bevor Bakterien gesehen wurden und bevor von Viren im heutigen Sinne die Rede war, galten Viren als Überträger ansteckender Krankheiten. In der Ortschronik einer obersteirischen Gemeinde lesen wir die folgende Verordnung des Bürgermeisters:

Jahr 1870 Ansteckende Krankheiten
»Der Ortsvorsteher empfiehlt, alle Kranken, besonders die Kinder, welche mit ansteckenden Viren behaftet sind, in separaten Zimmern unterzubringen.«

Was hat der Bürgermeister aus dem Jahre 1870 von Viren gewusst? Auf jeden Fall galten sie als gefährliche Überträger von Krankheiten, die gehäuft auftraten. Wie diese Ansteckung vor sich ging, darüber gab es offenbar nur geheimnisvolle Vermutungen. Welche Art von Viren wurde für ansteckende Krankheiten verantwortlich gemacht?

Eine weitere Verordnung desselben Ortsvorstehers muss uns nachdenklich machen.

1876 Teilnahmeverbot von Kindern an Begräbnissen
»Der Ortsvorsteher hat verfügt, dass Kinder an Begräbnissen bei denen die Personen an Blattern. Scharlach oder anderen ansteckenden Krankheiten verstorben sind. nicht teilnehmen dürfen.«

Dass Viren aus einem geschlossenen Sarg hindurch von einem Menschen, der schon einige Tage tot war, noch auf die Umgebung übergreifen konnten, lässt doch nur eine Erklärung zu: Es handelt sich um Geistwesen.[5]

Was aber meinen die Autoren des Lehrbuches »Krankheiten des Kindesalters« *Pfaundler/Lust/Husler,* Urban & Schwarzenberg, 1971, wenn sie im Kapitel Masern auf Seite 430 den Ansteckungsmodus so beschreiben: Die Ansteckung mit Masern geschieht auf dem Wege der Tröpfcheninfektion und der bewegten Luft sehr leicht und prompt durch das Zusammentreffen eines noch Ungemaserten mit einem Masernkranken. Es genügt dazu schon ein kurzer Aufenthalt im Krankenzimmer ohne besondere Annäherung an den Kranken. Auch *fliegt das Masernvirus gerne von Zimmer zu Zimmer,* wobei bestimmte Wege bekannt sind; in das **gegenüber**liegende und **schräg** gegenüberliegende, das **darüber** liegende, **niemals** in das **nebenan** gelegene Zimmer.« Also noch 1971 scheint die Lehrmeinung dem Masernvirus eigensinniges Verhalten mit Ansteckungslust zuzugestehen. Die Vorstellung, ein Virus sei ein aggressives Unwesen, das Pflanzen, Tiere und Menschen tötet, geht auf den Glauben an Dämonen zurück. An die Stelle des Glaubens an Krankheit bringende Dämonen ist nun der Glaube an boshafte, imaginäre Viren getreten.

Wie sieht das Virus aus?

Sehr plastisch beschreibt ein Professor für Hygiene der Universität Graz die Gefährlichkeit der Grippeviren: »Zur Veranschaulichung: Die echten Grippeviren sind kleine Kügelchen mit einem Durchmesser von wenigen Tausendstelmillimetern. Sie tragen einen festen

---

5 Chronik von Traboch, Herausgeber Gemeinde Traboch, 1992

Proteinpanzer und in diesem Panzer sind viele Werkzeuge enthalten, die es dem Virus möglich machen, bis zu den Atemschleimhäuten vorzudringen.
Dort wird die schützende Schleimschicht der Atemschleimhaut verflüssigt, damit möglichst viele Viren in die Lage kommen, diese Zellen auch zu befallen.
Im Sog dieser Viruswanderung haben nun Bakterien die Möglichkeit, ebenso bis zu den Schleimhäuten vorzudringen und sich dort nun abzulagern – und das führt dann zu einer Superinfektion.«[6]
Eine solche Beschreibung wird bei nicht wenigen Menschen Angst erwecken. Es stellt sich aber schon die Frage, warum ein Universitätsprofessor für Hygiene so etwas in einer Zeitung schreibt. Welche Motive hat ein hoch angesehener Mediziner, der vermutlich von Viren doch etwas mehr versteht als ein Laie, so etwas zu schreiben? Glaubt er wirklich selber, dass Viren mit Panzer und Werkzeugen ausgestattet sind, um Zellen zu schädigen? Ist es für die Bevölkerung hilfreich, sie mit Schreckgespenstern in unnötige Ängste zu versetzen?

Das Virus ist zur erfolgreichsten Propagandawaffe der Impfbetreiber geworden.

Tatsache ist, dass auch ein großer Teil der Ärzte nur eine vage Vorstellung von dem hat, was heute die Wissenschaft unter Virus versteht. Umso leichter ist es, den Laien ein Bild von Viren zu vermitteln, das an materialisierte Dämonen denken lässt.

6 Kleine Zeitung, 12.02.2001

Wer stellt die Seuche fest?

Krankheiten und Virusdiagnosen

Im Altertum verstanden die Menschen unter Krankheiten Zustände, welche unter dem Einfluss von Dämonen auftraten. Ein Dämon hatte von einem Menschen Besitz ergriffen. War der Dämon stumm, dann war auch der Mensch durch dessen Herrschaft stumm.

Warum schließt man sich der Mehrheit an? Etwa deswegen, weil sie recht hat? Nein, aber sie verfügt über mehr Gewalt.

Blaise Pascal

Der römische Arzt *Aulus Cornelius Celsus* vermutete, dass im Speichel von Hunden, die sich tollwütig verhielten, ein Gift sein müsse. Dieses könne einen Menschen tollwütig machen, wenn er von einem tollwütigen Hund gebissen wurde. Die Vermutung dieses Arztes aus der Antike, ein Virus erzeuge diese Krankheit, wurde dann übernommen und ist bis heute im Gebrauch.

Metamorphose vom Gift zum Lebewesen

Auch heute, in der aufgeklärten Zeit des 21. Jahrhunderts gilt dieser Begriff als Ursache vieler Krankheiten.

War das Virus, (der lateinische Name für Gift), ursprünglich ein Gift, ist es inzwischen auf wunderbare Weise zumindest für die Virologen und Impfstoffhersteller ein Lebewesen geworden.

Dieses hat nach deren Belehrungen aggressive Charaktereigenschaften, es dringt in den Organismus ein und zerstört dort zielgerichtet Gehirn, Leber Lungen und so fort. Es kann manchmal laut Medienberichten harmlos sein, kann aber irgendwann böse werden und schließlich entfesselt zuschlagen.
Es kann auch fliegen. So ist in einem Lehrbuch aus dem Jahre 1971 zu lesen:

Die Ansteckung mit Masern geschieht auf dem Wege der Tröpfcheninfektion und der bewegten Luft sehr leicht und prompt durch das Zusammentreffen eines noch Ungemaserten mit einem Masernkranken. Es genügt dazu schon ein kurzer Aufenthalt im Krankenzimmer ohne besondere Annäherung an den **Kranken. Auch fliegt das Masernvirus gerne von** Zimmer zu Zimmer, wobei bestimmte Wege bekannt sind; **in das gegenüberliegende und schräg** gegenüberliegende, das **darüber liegende, niemals in das nebenan** gelegene Zimmer.[7]

Gefährliche Lebewesen

Das Virus trage einen Proteinpanzer und besitze stachelige Werkzeuge, mit denen das Virus unsere schützenden Schleimhäute verwunde. Manchmal trügen diese Wesen auch Tarnkappen, die dann verhindern, dass dann die durch die Impfung erzeugten Antikörper unangreifbar würden. Es wird uns das Virus als boshaftes Wesen mit seelischen Eigenschaften gezeichnet. So wird von den Impfbetreibern den Laien das Wesen eines Virus dargestellt.

---

7 Lust/Pfaundler/Husler: Krankheiten des Kindesalters, Urban & Schwarzenberg, München-Berlin-Wien 1971.

Man sprach in der Geschichte vom Pestvirus, vom Malariavirus, vom Scharlachvirus, und jede neue Art von Grippe hatte ihr eigenes Virus. In der mythologischen Zeit erhielt der Dämon den Namen der Krankheit. Heute bekommt das Virus den Namen der Krankheit. So erfahren dann die Ärzte und alle andern, dass es das Pockenvirus, das Masernvirus, dass Poliovirus und das FSMEVirus gibt. Krankheiten und Viren heiraten einander und lassen ihre Namen verschmelzen.

Diagnose aus dem Labor

Virologen werden in den Medien als Forscher präsentiert. Sie sind weiß gekleidet, tragen Schutzmasken und halten sich in sterilen Labors auf. Ihre Augen sind ständig und gespannt auf das Mikroskop und den Monitor gerichtet. Kranke, Patienten, Menschen am Krankenbett bekommen sie nie zu Gesicht.

So entdecken diese Wissenschaftler immer neue Krankheitsursachen. Sie stellen neuerdings auch die Diagnosen. Es braucht dazu keine Ärzte mehr, ja sie brauchen nicht einmal die Kranken zu sehen. **So entdecken diese Wissenschaftler immer neue Krankheitsursachen. Sie stellen neuerdings auch die Diagnosen. Es braucht dazu keine Ärzte mehr, ja sie brauchen nicht einmal die Kranken zu sehen.**

Die Symptome und die Lebensumstände der erkrankten Menschen, ihr Lebensraum, ihre persönliche Geschichte und ihr Umfeld sollten womöglich beim einzusendenden Präparat (Gewebe oder Blut) ausführlich angeführt werden, um Fehldiagnosen zu verhindern. Von ganz großer Bedeutung sind der Ort und das Land des zu untersuchenden Materials. Eine Verwechslung von Viren australischer und amerikanischer Herkunft könnte möglicherweise zu komplizierten politischen Spannungen führen.

Worauf wir uns nicht verlassen sollten

Die Tatsache, dass den Ergebnissen des Labors fast ohne jede Kritik Glauben geschenkt wird, könnte gewaltige Konsequenzen haben. Es ist aus diesem Grunde möglich, Krankheiten auch willkürlich zu diagnostizieren. Einzig die Laborergebnisse zur Grundlage einer sicheren Diagnose zu machen, ist auf jeden Fall problematisch. Mit dieser Möglichkeit könnten auch Epidemien ausgerufen werden, wenn bestimmte Interessensgruppen eine Epidemie für nützlich finden.

Dabei wird nicht bedacht, dass es positive Virusbefunde gibt, obwohl der betroffene Mensch unter keinen Symptomen leidet. Vor allem ist es mit aufgrund des Virusbefundes nicht möglich, den Ernst der Erkrankung zu beurteilen. Auch über die Prognose der Krankheit sagt der Befund wenig aus. Schließlich dürfen wir nicht vergessen, dass die Virusdiagnostik noch immer weiter entwickelt wird. Viele als absolut sicher geltende Verfahren sind wenige Jahre später bereits überholt.

Dennoch gilt im Augenblick die folgende Praxis: Mit dem Virustest bekommen wir schließlich die letzte Gewissheit für eine absolut sichere Diagnose. Darauf können sich nun die behandelnden Ärzte ganz verlassen, eine blamable Fehldiagnose bleibt ihnen erspart. Diese aktuelle Entwicklung, die Diagnose von Labors stellen zu lassen, bezieht sich auch auf bakterielle Prozesse. Die leider zu früh verstorbene Impfforscherin *Mag. Anita Petek* meinte, als die Gesundheitsexperten der WHO sich anlässlich eines Ausbruches von Keuchhusten in Afghanistan sich nicht einigen konnten, ob es

Diphtherie oder Keuchhusten wäre, dazu: » Es wäre gescheiter, die Experten der WHO würden einige Großmütter zu den Kranken schicken. Diese sagen ihnen dann, ob es sich um Keuchhusten oder um Diphtherie handelt«.

Große und kleine Feinde

Was sind nun Viren wirklich? Sind es selbstständige, autonome Lebewesen, die in der Welt so ohne Plan herumschwirren oder sind es Zellelemente, die der Organismus selbst entwickelt? Es wird in der Molekularbiologie schon längst von endogenen Viren gesprochen. Es sind keine eigenständigen Lebewesen. Sie haben weder einen eigenen Energiestoffwechsel noch können sie sich selbst fortpflanzen. Sie sind keine eigenen Lebewesen, sie sind Teile des Organismus, werden von ihm gebildet und gehören zum Immunsystem.
Nachdem im 19. Jahrhundert Bakterien im Lichtmikroskop sichtbar wurden, waren es die Bakterien, welche uns, Tier und Mensch krankmachen . Sie hielt man für feindliche Eindringliche, die Tiere und Pflanzen dahinraffen. Diese Ideen beruhten vor allem auf der Vorstellung, dass unter den Lebewesen ein ständiger Kampf ums Dasein herrsche.

Es entwickelte sich nun eine therapeutische Richtung, nach welcher die Bakterien, die Feinde unsres Lebens, zu töten seien. Damit hoffte man, Krankheiten auszurotten zu können.

In dieselbe Richtung gingen nun auch die Spekulationen, den Körper zur Bildung von Antikörpern anzuregen, welche diese feindlichen Bakterien zerstören sollten. Diese Strategie wurde nun von Anhängern der Chemotherapie und der Impfstoffindustrie als großer Fortschritt in den Medien bejubelt und wird bis heute an den Universitäten gelehrt.

Die kleinen Bakterien

Bestimmte Bakterien, offenbar sehr kleine Bakterien, waren aber im Lichtmikroskop nicht zusehen. Um diese kleinen Bakterien endlich zu entdecken, mussten die Bakterienjäger so lange warten, bis das Elektronenmikroskop entwickelt war. Bis dahin war nur vom unsichtbaren Virus die Rede. Erst mit dem Elektronenmikroskop tat sich ein neuer Horizont auf. In bestimmten, bis dahin unbekannten Zellstrukturen meinte man, die gesuchten kleinen Bakterien, die jetzt Viren genannt wurden, gefunden zu haben. Die Impfanhänger fühlten sich in ihrer Meinung bestärkt, jetzt mit Hilfe der Antikörper die großen Feinde des Lebens, Bakterien und Viren besiegen zu können.

Bekämpfen wir die Freunde?

Von Beginn der Entdeckung der Bakterien gab es Denker, welche der Meinung, Bakterien seien die Ursache von Krankheiten, widersprachen. Der große Hygieniker Max v. Pettenkofer bekämpfte durch seinen berühmt gewordenen Selbstversuch sehr eindrucksvoll die Lehre des Robert Koch. Dieser machte mit seiner Bazillenlehre und der hinter ihm stehenden Pharmaindustrie ein riesiges Vermögen, ohne damit auch nur eine einziges Menschenleben gerettet zu haben.

Erst in den letzten Jahren werden die Zweifel am Sinn der Bekämpfung von Bakterien und Viren immer häufiger. Man spricht inzwischen bereits von der »postantibiotischen Ära«. Mit der Probiose, einer modernen therapeutischen Richtung gelingt es, mit Bakterienkulturen Schäden durch Antibiotika und verschiedene andere Immundefekte erfolgreich zu behandeln.

Es stellt sich immer deutlicher heraus, dass die Sicht, Bakterien seien von außen eingedrungene Feinde, falsch und überholt ist.

An diesem eingemauerten Dogma hängt allerdings eine gigantische Einnahmequelle, man kann sagen eine Weltmacht daran. Wie mit den Bakterien so geht man daher mit den »kleinen Bakterien «, den Viren um. Diese werden von den Angstmachern als gefährliche, unberechenbare Minimonster hingestellt, um die unwissenden Menschen zu verängstigen.

Diktatur der Lehre

Dazu kommt noch, dass die Medizinstudenten falsch unterrichtet werden. Das wirkliche Wissen um die Aufgabe der Bakterien und Viren wird ihnen vorenthalten.

Die ernsthafte Erforschung der eigentlichen Aufgabe der Bakterien und Viren steht erst am Anfang.

Die sogenannten Wissenschaftler, die im Auftrag der Industrie arbeiten, sind nicht jene wohltätigen Forscher, wie sich das der fromme Mann von der Straße vorstellt. Hier müssen wir alle über das, was uns erzählt wird und wer es uns erzählt, nachdenken lernen.

Was ist ansteckend?

Der Mensch ist offensichtlich dazu geschaffen, um zu denken. Darin liegt seine ganze Würde begründet und dies macht all sein Verdienst aus, und seine ganze Pflicht besteht darin, in rechter Weise zu denken.

Blaise Pascal

Bei uns in den reichen Ländern erkranken die Menschen nicht an Lepra. Menschen mit dieser Krankheit finden wir nur in den armen Ländern.

Es ist eigenartig, dass unsre Medizinstudenten lernen, Lepra sei eine ansteckende Krankheit, die durch das *Mycobacterium leprae* übertragen wird. Die Inkubationszeit für dieses Leiden soll ein bis vierzig Jahre betragen. – Es ist in höchstem Maße empörend, dass junge, gesunde Menschen, die nach dem Studium den akademischen Titel *Dr. medicinae universae*, zu deutsch *Gelehrte der gesamten Heilkunde,* tragen werden, so etwas gelehrt bekommen. Der größte Teil dieser Ärzte, die einmal kranke Menschen heilen sollen, halten an dieser Lehre bis zu ihrem Ruhestand fest. Vielleicht lernen die Äsculapschüler sogar, woher das Wort Lepra kommt. Der Name Lepra aus dem griechischen *leprós* bedeutet schuppig, unrein. Bei diesen Kranken erscheinen zunächst Geschwüre an der Haut. Bei schwereren Formen fallen diesen beklagenswerten Menschen die Finger, Zehen, die Nasenspitze und Teile der Ohren ab. Ihr Aussehen ist nicht anziehend und der Geruch ihrer Geschwüre ist abstoßend. Deswegen wurden diese Menschen in vergangenen Zeiten, ob Kinder, Frauen oder Männer ausgesetzt. Diese Krankheit hat deswegen auch den Namen Aussatz erhalten. Die Kranken wurden vor die Stadtmauern, wo sie nicht gesehen

werden konnten und ihr Gestank nicht so wahrgenommen wurde, ausgesetzt. Heute werden diese Menschen isoliert.
Ein anderer Name dieses Leidens ist auch *Miselsucht.* In diesem Wort ist das lateinische Wort miser enthalten, das elend und arm bedeutet; die Krankheit der unterernährten Menschen.

Lepra ist heilbar

Die moderne Ernährungswissenschaft hat uns längst gezeigt, dass diese Krankheit auf schwere Mangelernährung zurück zu führen ist. Es fehlt bei diesen Armen an Nahrungsmitteln, die Eiweiß und Vitamine enthalten. Der hoch angesehene deutsche Zahnarzt *Dr. Johann Georg Schnitzer* konnte in einer Studie eindrucksvoll zeigen, dass dieses Leiden mit vollwertiger Ernährung in kurzer Zeit je nach Krankheitsstadium zu bessern und auch zur Gänze zu heilen ist.

Am Beispiel Lepra wird uns allen Eines klar.

Die Erklärungen von Ansteckung und krankheitsverursachenden Lepra-Bakterien sind nicht nur Irrtum, sondern sind kalte Heuchelei.

Da gibt es einige Schlaue auf dieser Welt, die das Unwissen der Ungebildeten für ihre Zwecke ausnützen. Sie setzen alles daran, dass diese Lehre weiterhin an den Universitäten gelehrt und über ihre Medien ständig verbreitet wird. Sogar karitative Unternehmen sammeln Geld für Antibiotika, damit diese Elenden zum Schein und solange das Geld reicht, ein besseres Aussehen haben. Statt diese Menschen mit notwendigen Nahrungsmitteln zu versorgen, wird noch ein Geschäft mit Antibiotika gemacht.

Da gibt es rührselige Geschichten, wie die des holländischen Missionars *Damian de Veuster*, der auf Hawai mit den Ärmsten lebte und ihr Elend zur Gänze bis zu seinem Ende geteilt hat. Als schließlich auch bei ihm die ersten Geschwüre sichtbar wurden, entstand später die einleuchtende Erklärung. Er habe eine Zigarre zu Ende geraucht, die vorher ein Leprakranker geraucht hatte. Und so wurde er dann mit der tödlichen Krankheit angesteckt. Nicht seine Unterernährung, nein, die Ansteckung war es.

Mutter Teresa hatte über Jahrzehnte Leprakranke intensiv gepflegt. Sie ist sehr alt geworden und hat kraftvoll bis zum Ende gewirkt. Ihr selbst stand in diesen Zeiten ausreichende Ernährung zur Verfügung.

Eigentlich wäre damit das Thema Ansteckung schon zur Gänze erklärt. Es sind dazu doch noch einige weiterführende Gedanken auszuführen.

Wie ist das nun bei den ansteckenden Pocken gewesen? Der nur oberflächliche nicht gründlich informierte Mensch hält natürlich die Ausschläge für ansteckend. Es herrschte ja die Lehre, dass die Pocken, die herauskommen, also von innen nach außen gelangen, den Kranken für sein weiteres Leben von seiner Krankheit befreien. Lehrmeinungen werden von den Großen verkündet und das Volk hat das zu glauben. Diese Lehre war hundert Jahre lang die wissenschaftliche Grundlage für die Pockenimpfung. Erst um 1900 wurde diese Lehre von *Paul Ehrlich* durch seine Antikörpertheorie abgelöst, die bis heute die herrschende Lehre ist. Zu Zeiten Ehrlichs konnte noch niemand Immunglobuline, als Antikörper gedacht, sehen, noch gab es serologische Methoden, nach welchen Antikörper wenigstens hätten gemessen werden können.

Wie bei den Pocken sah man die Ausschläge bei Masern, Röteln, Varizellen als die Überträgerstoffe, mit der dann die Menschen der Umgebung angesteckt wurden.
Bei den so genannten exanthematischen Kinderkrankheiten wurde nicht über das Klima, nicht über die Jahreszeit, nicht über die Ernährungslage, nicht über die Lebensbedingungen nachgedacht. Es war einfach die Ansteckung. Wenn Masern oder Schafblattern (Windpocken) auf einsamen Gehöften auftraten, sollen es dann doch ansteckende Viren gewesen sein, die sich möglicherweise schon lange irgendwo versteckt hielten. Die Medizin kann sehr einfach sein, wenn man das wiederholt, was da gelehrt wird. Das steht in den Lehrbüchern und ist in Wikipedia nachzulesen.

Da gibt es da noch ein anderes, ein sehr politisches Problem mit der Ansteckung. Es besteht bekanntlich die Gefahr, dass fremde Völker, – heute sind es die Reisenden und Flüchtlinge -, ansteckende Krankheiten einschleppen. Wenn vor hundert Jahren eine große Zahl fremder Menschen aus dem Ausland in eine Kleinstadt kam, waren die damaligen sanitären Einrichtungen mit den fehlenden Abwasseranlagen bald am Ende ihrer Kapazität. Es dauerte oft nur kurze Zeit und in der bisher gesunden Stadt brach die Cholera aus. Diese Krankheit konnte folgerichtig nur von diesen Fremden eingeschleppt worden sein. Im großen Ausmaß wurden so auch die Geschlechtskrankheiten von den gierigen Spaniern nach dem keuschen Frankreich, von den schmutzigen Franzosen zu den reinen Deutschen und vom kalten Deutschland in das warme Italien eingeschleppt …

Aktuell wurde jetzt von der WHO verlautbart, dass jetzt in Syrien die Polio bei Kindern ausgebrochen ist. Nach Medienberichten sind seit Beginn des grausamen Bürgerkriegs 12.000 Kinder durch Kriegshandlungen, Bomben, Granaten, Brände, Explosionen, Giftgase etc. getötet worden. Was da durch diese verstreuten Gifte im

Organismus dieser Kleinen angerichtet wurde, darüber denkt noch niemand nach. Aber es gibt bereits Verdachtsfälle und Laborbefunde, die auf Polioviren hindeuten.

Bisherige positive Laborbefunde von Flüchtlingen ergaben nur den Hinweis auf Impf-Polio-Viren.

Um einer grenzüberschreitenden Polioepidemie rechtzeitig vorzubeugen, wird uns empfohlen, den Status der Immunisierung gegen Polio zu überprüfen …

Die jetzige Generation hat begonnen, sich gründlich und eigenständig mit der Gesundheit zu beschäftigen. Gesunde Nahrungsmittel, Vermeiden von Umweltgiften, Bewegung, ausreichender Schlaf, sanfte Abhärtung, Sauberkeit, geordnete Familienverhältnisse sind von allen anerkannte Wege zu sicherer Vorbeugung.

Eine allgemeine Skepsis gegenüber einer Gesundheitspolitik, die mit der Medizinindustrie »packelt« nimmt zu.

Mit großer Sorge verfolgen die staatlichen Gesundheitsmacher diese Entwicklung. Selbstständiges Denken, nicht mehr den Schlagworten blind zu vertrauen, das ist beunruhigend. Gesundheitsangebote, die »gratis« verteilt werden, finden immer weniger Abnehmer.

Dieser Gesinnungswandel ist ansteckend.

Da bleiben aber noch einige Fragen offen.

Was passiert bei Impfungen? Ein Teil der immunisierten Personen bekommen ja schließlich doch Masern, Keuchhusten, Polio. Sind diese jetzt angesteckt worden oder nicht?

Was alles ist im Impfstoff drin? Spuren des erkrankten Gewebes, die der Krankheit zugehörigen Mikroorganismen, das Fremdeiweiß, die Konservierungssubstanzen und viele weitere Stoffe, die einen Mix ergeben, dessen gesamte Wirkung sich erst am geimpften Menschen zeigen wird. Je nach augenblicklicher gesundheitlicher Verfassung und Krankheitsneigung werden einige mit schweren Symptomen reagieren, andere nur leicht und einige ohne irgendwelche Zeichen. Ein solches Vorgehen verstehe ich als eine Verletzung mit Vergiftung. Die nun dadurch aufgeflammte Impfkrankheit ist die individuelle Abwehrreaktion der misshandelten Person. Es wurde dadurch nicht eine Krankheit übertragen sondern hervorgerufen.

Aber unter Seuchenbedingungen ereignet sich doch dasselbe. Geschwächte Menschen werden mit Resten von Ausscheidungen in Kontakt gebracht und sie erkranken am selben Leiden. Sie wurden also doch angesteckt? Vergiftung oder Ansteckung, ist das nicht eine Wortklauberei?

Ein Einbringen von Dingen in einen Organismus, die krank machen, nenne ich Vergiftung. Wir sind gewohnt von Giften nur dann zu sprechen, wenn es sich um klassische Gifte wie Arsen, Aconit, Blausäure etc. handelt. Wir kennen auch Leichengifte. Jeder Erwachsene wird kleine Kinder davon abhalten mit Kot verunreinigte Dinge in den Mund zu führen. Dabei bekommt das Kind zu hören, das sei giftig und davon könne es krank werden. Der Begriff Ansteckung geht auf die mythologische Vorstellung von Krankheiten als eigene geistartige Wesen zurück. Gifte sind Stoffe, von denen wir sicher wissen, dass sie den Körper schädigen.

Aber seit der mikrobiologischen Ära verstehen wir den Mechanismus der Ansteckung. Bakterien und Viren werden über Tröpfchen- und Schmierinfektion von Mensch zu Mensch übertragen, die dann die Krankheit hervorrufen.

Damit sind wir nur scheinbar bei der Lösung der Frage angelangt. Statt bösen Dämonen, die uns krank machen, halten wir nun Bakterien und Viren für die Erzeuger der Krankheit. Dank der modernen Mikrobiologie wissen wir aber , dass diese Mikroorganismen die Abbauarbeiten bereits geschädigter oder abgestorbener Zellen übernehmen.

Sie erzeugen nicht die Krankheit, sie spielen eine unverzichtbare Rolle bei den Reparaturprozessen des Organismus.

Deswegen setzt sich allmählich der Begriff Bakterien – die Gesundheitserreger, durch. Von der Antibiotikaindustrie und den Impfbetreibern wird die Auffassung, Bakterien und Viren seien die Krankheitsverursacher mit politischer und medialer Assistenz aufrecht erhalten.

Masern, Keuchhusten, Schafblattern (Windpocken) oder Brechdurchfälle erfassen doch eine größere Anzahl innerhalb eines Ortes oder einer Region und zur selben Zeit. Ist das nicht der beste Beweis, dass es sich hier um Ansteckung handelt?

Auch hier sind wir gewohnt, uns mit der bequemen und verbreiteten Erklärung, das ist Ansteckung, zufrieden zu geben. Beginnen wir mit dem Brechdurchfall. Wir sollten doch nachdenken und nachforschen, welche Speisen vor dem Auftreten eines Brechdurchfalls genossen wurden. Das passiert in Gemeinschaftsküchen, bei größeren Festen, in Dörfern, Ortsteilen, Gruppen, Familien etc. Ein gehäuftes Auftreten von akuten Krankheiten ist noch kein Beweis für eine Ansteckung. Aber sie ist die beliebteste und bequemste Erklärung.
Ein anderes Beispiel sind die Masern. Auch diese treten gehäuft auf. Aber sie ereignen sich immer unter bestimmten Wetterverhältnissen,

bei uns meistens im späten Winter oder im noch kalten Frühling. Abgesehen vom Ausschlag sind die Symptome wie bei andern Erkältungskrankheiten. Halsschmerzen, Husten, Ohrenschmerzen, Gliederschmerzen sind vom typischen Ausschlag begleitet. Dass es sich also um eine Erkältungskrankheit handelt und dass nur bestimmte Menschen an Masern erkranken, darüber macht sich kaum jemand Gedanken. Dazu kommt noch, dass Hautauschläge bei nicht wenigen Menschen die Angst hervorrufen, angesteckt zu werden. Dies sind tiefsitzende archaische Ängste der Menschen. Unreines, Schmutz, Schleim, Eiter, blutige Absonderungen, blutige Flecken, übelriechende Ausscheidungen, alle diese Zeichen mahnen uns ja auf sinnvolle Weise zur Sauberkeit und zu rechtem Umgang mit den Kranken. Immer aber stehen hinter diesen Krankheiten andere Ursachen, wie Erkältungen, verdorbene Speisen oder auch Panik, die uns lähmt.

Bald bin ich überzeugt, aber da fehlen ja noch die »Masernparties«. Es gibt sie also doch die Ansteckung oder nicht?

Eben nicht. Masern treten dann auf, wenn die meteorologische Situation dafür da ist. Das ist die kalte Jahreszeit, bei nasskaltem Wetter, dann scheint die Ansteckung zu funktionieren. Es erkrankt dennoch nur ein Teil der Kinder, es sind jene, die dafür empfänglich sind oder mit dem Fachausdruck zu Masern disponieren. Die leider so früh verstorbene Anita Petek hat oft erzählt, dass ihre Mutter sie mehrere Male vergeblich zu Kindern geschickt hatte, die gerade Masern hatten. Bekommen hat sie die Masern aber nie.

Die Ansteckung als Erklärung für Krankheitsursache ist in unserm Bewusstsein derart festgefahren, dass wir andere wesentlich wichtigere Faktoren der Krankheitsentstehung systematisch ausblenden.

In früheren Zeiten, als es wegen der miserablen Lebensverhältnisse die Pocken gab, hatten die Menschen ähnliches versucht. Sie ließen ihre Kinder bei anderen Kindern schlafen und hatten dafür sogar bezahlt. Man nannte das »Pocken kaufen«. Im Glauben an die Ansteckung waren den Menschen die sozialen und hygienischen Ursachen für das Auftreten der Pocken noch nicht bewusst.

Salzburger Masern

Probefeldzug

Anfang 2008 gab es in Salzburg einige Fälle von Hepatitis A. Nebenbei sei erwähnt, dass es sich dabei um eine harmlose Krankheit handelt, doch die Gesundheitsbehörden schlugen Alarm. Mit kräftiger, medialer Unterstützung zogen die impffreudigen Behörden von Schule zu Schule, um eine weitere Ausbreitung der Seuche zu verhindern. Hepatitis A ist die Folge einer Lebensmittelvergiftung. Dagegen kann keine Impfung schützen. Impfunwillige Eltern, die den Sinn dieser Aktion bezweifelten, wurden unter Druck gesetzt, und die Impfbetreiber zogen eine stolze Bilanz ihrer erfolgreichen Kampagne. Auch Hotelbetriebe, die ihre Mitarbeiter gegen Hepatitis A impfen ließen, erhielten lobende Auszeichnungen in der Öffentlichkeit.

Schlachtenlärm

Anfang April desselben Jahres kamen die Masern. Wieder gab es Schlagzeilen, diesmal aber noch viel dramatischer. Im ORF wurde stündlich über den Verlauf berichtet.

In der »Kleinen Zeitung« gab es da auf Seite 2 und 3, wo sonst über den Krieg im Irak, über Tsunami oder die Wahlen in Amerika berichtet wird, umfangreiche Berichte über die Gefährlichkeit der Masern und ihre bedrohlichen Komplikationen. Der Umstand, dass gegen die Masern allerdings an die 90% der Kinder geimpft sind und damit geschützt sein sollen, wurde nicht thematisiert. Ein kugelförmiges Gebilde, welches angeblich das gefährliche Masernvirus sein soll, und die sorgenvollen Gesichter der Impfbefürworter

illustrierten den Ernst der Seuchensituation. Auch ein Foto eines an Masern erkrankten Kindes durfte da nicht fehlen. Bei genauerem Hinsehen sah jeder erfahrene Arzt, dass es sich auf diesem Foto um Schafblattern gehandelt hat.
In der »Kronenzeitung« vom 3. April stand auf der Titelseite groß und fett: MASERN-EPIDEMIE AUSSER KONTROLLE! Oberhalb dieser Zeile in rot gedruckt: Ärzte raten dringend zur Impfung. Und darunter ein Bild, auf dem eine fröhlich lächelnde Dame sich von einem sichtlich glücklichen Arzt impfen lässt. Die meisten Menschen hielten diese Medienberichte für übertrieben und von vielen Seiten waren Bemerkungen zu hören, dass es hier nur ums Geld gehe.

MASERN-EPIDEMIE AUSSER KONTROLLE aber 90% der Kinder waren geimpft.

Manöver

Die für das Wohl der Gesundheit ihres Landes zuständigen Politiker traten nun erfüllt von Verantwortung auf den Plan. Die Salzburger Landeshauptfrau Burgstaller meinte angesichts einer solchen Bedrohung, dass Impfverweigerung nicht verantwortbar sei.

Um die Schuldigen dieser »Epidemie« auszuforschen, wurde sogar die Staatsanwaltschaft eingeschaltet.

Politiker sind offenbar der Meinung, dass es möglich sei, mit Staatsgewalt Krankheiten zu beherrschen.
Auch Frau Gesundheitsminister Kdolsky, selbst Ärztin, hob hervor, dass sie in direktem und laufendem Kontakt mit Landeshauptfrau Burgstaller stehe, um die notwendigen Maßnahmen und Schritte zu besprechen. Gemeinsam hatten die beiden Politikerinnen eine

Gratisimpfung für Sanitäter und Rot-Kreuz-Helfer veranlasst. Es sei ihr ein Anliegen, dass die freiwilligen Helfer den bestmöglichen Schutz erhalten.

Die »Masernparty«, die angeblich im Raum Salzburg stattgefunden hatte, sei schwerst verantwortungslos und aufs Schärfste zu verurteilen: »Es geht hier um den Schutz der Schwächsten in unserer Gesellschaft, nämlich der Kinder.«

Abschließend stellte Kdolsky fest: »Zum Glück verhält sich der Großteil der Eltern verantwortungsbewusst und sorgt für den notwendigen Impfschutz ihrer Kinder.«

Das Ausmaß der Katastrophe

MASERN-EPIDEMIE AUSSER KONTROLLE
... dann muss das wohl eine der sanftesten Epidemien der Geschichte gewesen sein.

Insgesamt sollen an die 180 Fälle gemeldet worden sein. Ob unter diesen Fällen auch die bloßen Verdachtsfälle und die Fehldiagnosen waren, ist nicht geprüft worden. Knapp eine Hand voll Kinder wurde ins Spital eingeliefert. Zwei von ihnen konnten nach wenigen Tagen nach Hause entlassen werden. Ob diese Einweisungen infolge fehlender Pflege zu Hause erfolgt sind, ist nicht bekannt. Ein Kind war an Lungenentzündung erkrankt, das aber ebenso bald genesen ist. Von den schweren Komplikationen, die von Vertretern der Impfbefürworter plakativ und mehrfach prophezeit wurden, war nichts zu hören. Wenn im Rahmen einer Epidemie fünf bis sechs Personen für eine Woche im Spital liegen und alle andern Erkrankten zu Hause bleiben und danach wieder zur Schule gehen, dann muss das wohl eine der sanftesten Epidemien der Geschichte gewesen sein. – Im gleichen Zeitraum gab es zahlreiche

Krankheiten infolge des kalten Wetters, Grippe, Mittelohrentzündungen, Lungenentzündungen, Anginen, Gelenksentzündungen, Herzmuskelentzündungen etc. Es gab auch viele Spitalsaufenthalte und schwere Verlaufsformen. Nur fehlten bei diesen Krankheitsfällen die Hautausschläge.

Die Epidemie ist ausgebrochen

SCHULVERBOT FÜR IMPFVERWEIGERER

Am 7. April 2008 riefen die Gesundheitsbehörden die Masernepidemie aus. Die Impfpässe, soweit vorhanden, mussten vorgelegt werden. Schüler, die nicht gegen Masern geimpft waren, mussten dem Unterricht fernbleiben. Mitunter wurden ganze Schulen für kurze Zeit geschlossen. Die »Kronenzeitung« lieferte die Schlagzeile SCHULVERBOT FÜR IMPFVERWEIGERER. Schüler, die inzwischen geimpft worden waren, bekamen vor dem Schulgebäude von den Behörden einen roten Stempel auf den Handrücken gedrückt. Es konnte eine erkleckliche Zahl von Masernimpfstoffen verimpft werden.

Masern, eine gefährliche Krankheit?

Masern ist von einer Grippe nur durch die Hautausschläge, die der Erkrankung den Namen geben, zu unterscheiden. Bei den allermeisten Personen verläuft diese Kinderkrankheit leicht. Nur bei schwerkranken Kindern, etwa bei Kindern mit schwerem Herzfehler, nach Chemotherapie oder Ähnlichem kann diese Krankheit, wie jede andere Krankheit auch, ein Problem werden. Komplikationen treten vorwiegend dann auf, wenn mit stark unterdrückenden Medikamenten behandelt wird oder schlechte Pflegebedingungen herrschen. Neben der Ansteckung spielt als Auslöser dieses aktuellen Masernausbruches vor allem das augenblickliche Klima eine wesentliche Rolle. Es hatte schon einen milden Vorfrühling gegeben und dann erfolgte ein Wintereinbruch, der sich über einen Monat hingezogen hat.
Die Impfungen, die dann als Massenimpfung durchgeführt wurden, sind nicht unbedenklich. In dieser kalten Jahreszeit waren viele Personen schon erkältet und hatten mit einem Infekt zu kämpfen. Menschen, bei denen die Masern noch im unspezifischen Anfangsstadium waren, wurden ohne gründliche Untersuchungen geimpft, wie es bei solchen Massenimpfungen üblich ist. Es ist zu befürchten, dass diese Inkubationsimpfungen auch schwere Gesundheitsschäden bewirkten.

Das Gespenst der Ansteckung

Ist Masern nun wirklich eine hoch ansteckende Krankheit oder eine Kinderkrankheit, wie man sie früher genannt hatte? Warum erkranken in einer Familie mit fünf Kindern nur zwei von fünf?

Warum gelingt es selbst bei Masernpartys nur einigen, die Masernzu bekommen?

Wer kann denn nachweisen, wo die Krankheit wirklich begonnen hat? Und wenn das gelänge, was nicht möglich ist, von wem haben nun die Ersterkrankten die Masern bekommen? Es kam jedenfalls bestimmten Leuten sehr gelegen, eine schuldige Minderheit zu finden und diese für ihre Zweifel am Segen der Impfungen zu bestrafen. Wie viele Fragen zur Ansteckungsfähigkeit der Masern offen bleiben, zeigt ein Auszug aus einem klassischen Lehrbuch der Kinderheilkunde aus dem Jahre 1971.[8]

> Die Ansteckung mit Masern geschieht auf dem Wege der Tröpfcheninfektion und der bewegten Luft sehr leicht und prompt durch das Zusammentreffen eines noch Ungemaserten mit einem Masernkranken. Es genügt dazu schon ein kurzer Aufenthalt im Krankenzimmer ohne besondere Annäherung an den Kranken. Auch fliegt das Masernvirus gerne von Zimmer zu Zimmer, wobei bestimmte Wege bekannt sind; in das gegenüberliegende und schräg gegenüberliegende, das darüber liegende, niemals in das nebenan gelegene Zimmer.

Die Schuldigen

Im Mittelpunkt der Schuldzuweisungen dieser von Impfbetreibern und Politikern inszenierten Hysterie stand eine Waldorfschule, bei der es zu den ersten Masernfällen gekommen sein soll. In der Zwischenzeit ist zu hören, dass es in mehreren Städten in Deutschland, Freiburg, Bielefeld und anderen Orten ebenso Masernausbrüche gegeben hat. Auch diese sollen von Waldorfschulen ausgegangen sein.

---

8 Lust/Pfaundler/Husler: Krankheiten des Kindesalters, Urban & Schwarzenberg, München-Berlin-Wien 1971.

Auf Horchposten

Hatten Impflobbyisten auf eine solche Gelegenheit gewartet, der impfmüden Bevölkerung die Notwendigkeit von Impfungen ins Gedächtnis zu rufen? Eine beeindruckende Maschinerie begann wie nach Plan zu laufen.
Ein Aufgebot des Impfausschusses des Obersten Sanitätsrates informierte über die Gefahr der Masern. Die Amtsärzte der Sanitätsdirektionen und deren Hilfspersonal, Schulärzte und Lehrer standen in kürzester Zeit parat, alle nötigen Operationen durchzuführen: Impfungen, Einsammeln von Impfpässen, Blutabnahmen, Schließungen von Schulen, Stempelungen von Kindern, die geimpft waren; sie alle halfen, die fehlenden Impflücken zu schließen.

Es war sogar von einem »Impfgürtel« die Rede, der um die Stadt Salzburg aufgezogen wurde, um das mordende Masernvirus an seiner Ausbreitung zu verhindern.

Dies geschah unter lobendem Applaus von Ärztekammer und Apothekerkammer. Landesfürsten und Minister stellten sich geschlossen und gewappnet vor den Aggressor, um die Ausbreitung einer noch nie da gewesenen Gefahr für die Gesundheit der Menschen abzuwenden.

Nie wieder Masern

Wann erscheinen die nächsten Epidemien, Mumps, Masern, Keuchhusten, Influenza, Schafblattern oder Röteln und andere impfbare Angreifer? Welche Chancen werden sie vorfinden? Die nächste Epidemie wird es jedenfalls nicht mehr so leicht haben, denn es wird schon im Morgengrauen zurück geschossen werden...

Die Salzburger Resolution: Das Schreiben der 33 Aufrechten

Es hätte für den *Österreichischen Impftag*, einer Veranstaltung der Impfbetreiber, zeitlich nicht besser kommen können. Ärzte und Apotheker werden seit Jahren zu diesem Event eingeladen, um über die neuesten Impfstoffe informiert zu werden. Impfstoffhersteller präsentieren sich als großzügige Sponsoren dieser Veranstaltung. Diesmal brauchte es nicht viel Überzeugungsarbeit, die Teilnehmer für den Impfgedanken zu bestärken. Die Ausrufung der Epidemie war nun von mehreren hunderten Ärzten und Apothekern mit Genugtuung und der Gewissheit hoher moralischer Verantwortung begrüßt worden.

Am gleichen Wochenende, an dem der *gesamtösterreichische Impftag* abgehalten wurde, fand auch das jährlich stattfindende Symposium *Pathovacc* statt. Diese wissenschaftliche Einrichtung beschäftigt sich mit den gesundheitlichen Nachteilen und der gründlichen Sinnfrage des Impfens. Für diese ärztliche Fortbildung mit wesentlich bescheidenerem Kongressambiente stehen keine Sponsoren zur Verfügung. Dennoch wird diese Tagung regelmäßig von über fünfzig Ärzten besucht. Es handelt sich dabei vorwiegend um Ärzte, die in der niedergelassenen Praxis tätig sind.

Diese Ärzte hielten die Berichterstattung in den Medien sachlich für übertrieben.

Als schließlich aus einem zwar größeren Ausbruch von Masern gar eine Epidemie ausgerufen wurde, entschlossen sich die Ärzte, ein klärendes Protestschreiben an die Öffentlichkeit zu richten. Es wurde eine Resolution verfasst, die als *Salzburger Resolution* von den großen Medien *Der Standard, Die Presse* und die *Salzburger Nachrichten,* spontan veröffentlicht wurde. So war am 7.4.08 im Standard zu lesen:

Impfkritische Ärzte kritisieren Panikmache
Gesundheitsdienst sollte beruhigend wirken und Anschein der Kriminalisierung von Nicht-Geimpften vermeiden.

Salzburg/Graz - Eine Gruppe von impfkritischen Ärzten hat eine Resolution verfasst, 30 Ärztinnen und Ärzte haben die Resolution der IG Interessensgemeinschaft Impfkritischer Ärzte mit Sitz im weststeirischen Ligist unterstützt. In einer Aussendung kritisierten sie: »Laut Aussagen der öffentlichen Gesundheitsbehörden sind 90 Prozent der Bevölkerung gegen Masern geimpft oder nach Erkrankung immun. Wir fragen an, warum diese Bevölkerungsgruppe vor Masern Angst haben soll.«

»Entscheidung nicht kriminalisieren«
Die Mehrheit der Nichtgeimpften bzw. deren Erziehungsberechtigte hätten sich nach gründlicher Beschäftigung mit der Materie bewusst gegen die Impfung entschieden, weil sie meinen, das Risiko der Impfung sei größer als jenes der Krankheit selbst. »Als Ärztinnen und Ärzte können wir das nachvollziehen, da auch wir durchaus schwerwiegende Nebenwirkungen nach Impfungen immer wieder in unseren Praxen beobachten«, heißt es in der Resolution.
Die Ärzte ersuchten die Verantwortlichen des öffentlichen Gesundheitsdienstes in ihrer Aussendung, jeden Anschein einer Kriminalisierung der Menschen zu vermeiden, die von einer Impfung »wohlüberlegt und selbstverantwortlich Abstand genommen haben«. Außerdem forderten sie eine realistische Einschätzung des Erkrankungsrisikos.
Abschließend heißt es in der Resolution: »Als gleichberechtigte Absolventen einer medizinischen Fakultät fordern wir in ärztli-

cher Kollegialität zum Wohle der uns anvertrauten Patientinnen und Patienten auch die Freiheit einer kritischen akademischen Diskussion über Vorbeugungs-und Behandlungsweisen im Impfwesen und wehren uns gegen ein Denkverbot oder gar Vorverurteilung durch ‚Fachexperten' des öffentlichen Gesundheitsdienstes.« (red)

Die Impfbetreiber waren von der Aktion dieser Ärztegruppe sehr überrascht. Bisher waren sie doch gewohnt, dass die gesamte Ärzteschaft geschlossen hinter ihnen stand. Da galt es offenbar sofort Einhalt zu gebieten. Wenige Wochen später erhielten die Unterzeichner der Salzburger Resolution ein Schreiben des Disziplinaranwalts der Österreichischen Ärztekammer. Jeder einzelne Arzt war aufgefordert eine Stellungnahme abzugeben. Die Ärzte antworteten mit medizinisch sachlichen und standesgemäß klaren Worten. Ein Disziplinarprozess mit exemplarischen Strafen, den sich die Impfbetreiber gewünscht hatten, wurde darauf hin abgeblasen.

Was bleibt von der Ansteckung?
Abschied vom Mysterium Ansteckung[9]

Die 7 **Argumente** gegen den Irrtum Ansteckung, auf deren totale Widerlegung ich noch immer warte.

1. Krankheit ist kein eigenes Wesen, ist keine Kreatur, ist ein Lehrbuchgebilde

2. Krankheit ist die individuelle Reaktion auf eine Schädigung. Daher ist keine Krankheit auf ein anderes Individuum übertragbar

3. Krankheit ist die Folge einer Schädigung durch

a. Kälte, Hitze
   i. Klima
   ii. Wetter
   iii. Jahreszeit

b. Gifte
   i. Verdorbene Nahrungsmittel
   ii. Verdorbenes Trinkwasser
   iii. Schmutz aller Art

c. Mangel an
   i. Nahrung
   ii. Kleidung
   iii. Sauberkeit

---

9 Nur für Denker geeignet. Aude sapere! Erkühne dich, weise zu sein!

d. Verletzung
   i. Körperlich
   ii. Seelisch

4. Das, was wir Krankheit nennen, ist bereits der Heilprozess des Organismus

5. Wirksame Vorbeugung besteht in
   a. ausreichender Ernährung
   b. Sauberkeit
   c. gesunder Lebensweise
   d. Wohlstand und Bildung

6. Impfungen können nicht die Krankheitsursachen beseitigen. Bakterien und Viren werden vom Organismus selbst gebildet. Sie sind unersetzlich für die Wiederherstellung geschädigter Zellen.

7. Mit dem Begriff Ansteckung versuchten sich die Menschen in vorwissenschaftlicher Zeit, die Entstehung von Krankheiten zu erklären.
Mit dem von Angst und Unwissen besetzten Begriff Ansteckung versuchen heute die Impfbetreiber, Impfungen zu erzwingen.

Vom Kapf der Antikörper gegen feindliche Mikroben

Eine verhängnisvolle Verwechslung

Wie kam es dazu, dass Bakterien und Viren für eigene Lebewesen gehalten wurden?
Parasiten sind hoch entwickelte Organismen. Diese Lebewesen sind mit freiem Auge sichtbar, gelangen von außen in den Körper, vermehren sich und können die Gesundheit des davon befallenen Lebewesens belasten, gefährden oder auch den Tod bewirken.

Bakterien und Viren sind dagegen etwas völlig anderes. Bakterien sind Zellen in einem Stadium, in welcher sie sich in viele Formen und Strukturen hin entwickeln können. Sie sind also keine endgültig ausgeformten Zellen wie z. B. Knochen- oder Nervenzellen. Dadurch unterscheiden sie sich von höher entwickelten Organismen. Bakterien sind am Aufbau und Abbau der Körperzellen beteiligt. Sie werden daher auch Baumeister des Lebens genannt. Dieses Wissen war Robert Koch und Louis Pasteur im 19. Jahrhundert noch nicht bekannt. Der eine war ein zunächst niedergelassener Arzt, der sich neben seinen Patienten lieber mit Versuchen an Mäusen beschäftigte. Der andere war ein Chemiker, der sich zuerst der Erforschung der für den Weinbau wichtigen Gärung widmete. Später führte er die grausamen Tierversuche an Hunden durch, um für die Impfstoffhersteller einen Impfstoff gegen Tollwut zu entwickeln.

Parasiten ► Bakterien ► Viren
Toxin ► Antitoxin
Aggressor ► Antikörper

Das Mikroskop war der Entdecker

Beide entdeckten mit Hilfe des Lichtmikroskops bis dahin nie gesehene kleine Gebilde, die dann wegen ihrer Stäbchenform (bac lateinisch Stab, bacillus Stäbchen) Bakterien oder Bazillen benannt wurden. Auch andere Ärzte konnten im Mikroskop bei verschieden Erkrankungen weitere Bakterien entdecken, so Friedrich Löffler die Diphtheriebakterien und Theodor Escherich Colibakterien im Dickdarm.

Pasteur beobachtete, dass diese Gebilde ihre Form verändern, meinte aber, es seien verschiedene eigenständige Wesen. Ihm war sogar aufgefallen, dass die Stäbchen zu Kugeln, Kokken werden und umgekehrt, je nach dem Säurezustand des Milieus. Dieses Phänomen, die Form und damit auch die Funktion zu verändern, wurde von andern Forschern Pleomorphie genannt.

In der Hoffnung mit Hilfe von Chemotherapeutika bald alle Krankheiten besiegen zu können und unter solider Unterstützung der Industrie, setzte sich die Vorstellung durch, Bakterien seien von außen eingedrungene, feindselige Lebewesen. Dieser Sicht widersprachen Denker wie der weltberühmte ChirurgTheodor Billroth und der bedeutende Botaniker Karl Wilhelm von Naegeli.

Diese Forscher vertraten die Ansicht, dass die Bakterien vom Körper selbst gebildet werden.

Das wird inzwischen auch durch die moderne Mikrobiologie bestätigt.

Helfer oder Killer?

Sind nun Bakterien und Viren die Krankheitsverursacher oder sind sie die Gesundheitserreger? Wenn wir Fieber, Ausscheidungen, entzündliche Schwellungen als Reparaturprozesse verstehen, dann sind die Mikroben unentbehrlich für die Wiederherstellung der Gesundheit. Sind Zellen durch Gifte, Hitze, Unterversorgung, Verletzungen u.s.w. untergegangen, bedarf es all dieser Heilreaktionen. Die Mikroben treten also erst nach solchen Schädigungen auf den Plan.

Nur dann wenn wir die vorausgegangen Schädigungen wegdenken, dann müssen wir die Anwesenheit der Mikroben als die Ursache der Krankheit auffassen.

Sind die Bakterien die Aggressoren?

Das Toxin bei Diphtherie ist Teil der durch Unterkühlung geschädigten Schleimhaut. Es ist ein körpereigenes Produkt. Die Corynebacterien diphtheriae sind ebenso in der Mundhöhle gebildete Mikroorganismen, die für den Abbau der geschädigten Schleimhautreste notwendig sind.

Diphtheriebakterien sind also keine Aggressoren, die ein Gift absondern, um den Patienten zu töten. Sie haben die Aufgabe, die für den Organismus belastenden Ausscheidungen aufzulösen.

Wir haben wir es also nicht mit Aggressoren zu tun. Im Laufe der Wiederherstellung des erkrankten Organismus, der Genesung, spielen Bakterien, Viren und Immunkörper zusammen. Da ereignet

sich also kein Kampf zwischen feindlichen Mikroben und gegen sie kämpfenden Antikörper. Die Idee vom Krieg der Mikroben gegen unsern Körper stammt vom Militärarzt Paul Ehrlich. (1906) Er ist der Begründer der Chemotherapie. Sein Ausspruch »wir müssen chemisch zielen lernen« ist die theoretische Grundlage für die Lehre von den schützenden Antikörpern, von den Bakterien tötenden Antibiotika und den Viren stoppenden Virostatika.
Kein Wunder, dass die Industrie der Antibiotika und Impfstoffe diesem »Entdecker« die höchste Ehre zollt.

Kommen die Mikroben von außen oder von innen?

In Kriegszeiten ist oft die Frage gestellt worden, warum Soldaten, die keine oder nur kleinste Verletzungen hatten, dennoch an Tetanus gestorben sind. Es gab sogar mehr Tetanusfälle ohne äußere Verletzungen. Ebenso erkrankten Menschen an Tetanus nach Bauchoperationen oder sogar nach Zahnextraktionen und Frauen nach Geburten. Dies lässt eben nur die einzige Erklärung zu, dass eben die entsprechenden Mikroben vom Organismus selbst gebildet werden. Wenn sich Tetanusbazillen auch in Wunden mit verschmutzter Erde befinden, erzeugt der Körper unabhängig davon seine eigenen Tetanuserreger. Die Behauptung, dass Tetanusbazillen, das Tetanusgift absondern, ist heute längst überholt. Wir wissen nur, dass beim Zerfall Tetanospasmin und Tetanolysin frei werden. Das erste löst den Wundstarrkrampf aus, das zweite führt zur dessen Lösung. Diese Prozesse ereignen sich nur, wenn in der Wundregion eine sehr geringe Sauerstoffkonzentration herrscht. Das ist der Fall, wenn Menschen extrem unterernährt sind, wie es im Krieg sehr oft der Fall ist. Heute gibt es den Wundstarrkrampf daher nur mehr in den ganz armen

Ländern der Welt. Die simple Vorstellung aus dem 19. Jahrhundert, wonach eingedrungene Clostridien tetani mit ihrem Gift eine solche Krankheit hervorrufen, ist heute nicht mehr haltbar. Der genaue Mechanismus dieses Leidens bedarf natürlich noch weiterer Forschung.

Eines ist aber schon heute klar: Der Organismus bildet diese Bakterien selbst. Sie erfüllen für die Heilung eine unverzichtbare Rolle.

Die schützenden Antikörper und die Herdenimmunität

Wenn nun die Mikroben im Organismus selbst entstehen, warum sollte er dann Antikörper gegen sie bilden? Das wäre eine Reaktion, die sich gegen das eigene Leben richtet. Es kann doch nur ein Leben geben, wenn Zellen und Organsysteme in harmonischem Gleichgewicht zusammenwirken.

Vor der Entdeckung der Bakterien und Viren galten viele Krankheiten als ansteckend. Sogar die Epilepsie wurde zu den ansteckenden Krankheiten gezählt. Mit dem Begriff Ansteckung versuchten die Menschen zu erklären, wie Krankheiten entstehen. Als aber Bakterien sichtbar geworden waren, meinten bestimmte Ärzte, den Mechanismus der Ansteckung zu verstehen. Die Mikroben zirkulieren demnach ähnlich wie Parasiten von Lebewesen zu Lebewesen.

Die Idee von der Herdenimmunität ist diese: Wenn der größte Teil einer Herde von Menschen durch Antikörper gegen bestimmte Mikroben geschützt sind, können die Erreger nicht eindringen, können sich daher auch nicht vermehren und sterben schließlich aus.

Wir werfen einen Blick auf die Antigen-Antikörper-Theorie. Emil v. Behring träumte Ende 1900 davon, wie schon viele Menschen vor ihm, der Organismus gegen Gifte ein Gegengift erzeugen. Das zu seiner Zeit postulierte Diphtherietoxin könne, wenn es in Tiere eingespritzt wird, in deren Serum Antitoxin erzeugen. Diese Hypothese klingt bestechend schön. In der Praxis hat sich die Behandlung mit Antitoxin nicht nur als unwirksam, sondern sogar als sehr gefährlich erwiesen. Tausende Menschen sind über die Jahrzehnte an dieser Anwendung gestorben.

Paul Ehrlich verfolgte dieselbe Idee. Er meinte, dass unser Körper im Laufe einer Krankheit durch Bakterien und Viren Antikörper »magic bullets«, geheimnisvolle Kugeln, erzeuge. Zur seiner Zeit war es noch nicht einmal möglich Antikörper zu sehen. Diese Immunkörper sind erst seit 1940 mit Hilfe des Elektronenmikroskops sichtbar zu machen. Es gab zu dessen Zeit auch keine chemische Methode, die Menge von Antikörpern zu bestimmen. Der Name Antikörper besteht zu Unrecht. Nach heutigem Wissen besitzt und entwickelt unser Immunsystem viele verschiedene Eiweißkörper, welche sich an aufzulösende Zellelemente heften und diese in einem komplexen Prozess auflösen oder abstoßen helfen. Diese Eiweißkörper werden richtigerweise Immunkörper genannt. Diese Immunkörper Antikörper zu nennen beruht auf einer reinen Spekulation. Auch andere Körperzellen, nicht nur Bakterien oder Viren werden auf diese Weise abgebaut.

Wenn Bakterien und Viren ihre Funktion erfüllt haben, werden sie wie andere Zellen auch mit Hilfe dieser Immunkörper aufgelöst. Diese Immunkörper bildet der Organismus je nach aktuellem Anlass. Er legt sie nicht auf Lager, entsprechend der Idee der Antigen-Antikörpertheorie.

Dass die Antigen-Antikörpertheorie eine reine Theorie ist wissen wir durch den Misserfolg der Impfungen. Damit ist auch die Theorie der Herdenimmunität hinfällig.

Ebenso löst sich daher auch die Vorstellung, dass dem Säugling über die Muttermilch alle Antikörper gegen ansteckende Krankheiten weitergegeben werden, in Luft auf. Der Nestschutz beruht auf der Muttermilch mit allen wertvollen Bestandteilen, der Nähe der Mutter, ihrer Stimmer und ihrer Fürsorge. Den Nestschutz auf spekulative Antikörper zu begründen, zeugt von einer sehr reduzierten und simplen Sicht der komplexen biologischen Vorgänge.

Begraben als Pocken – auferstanden als Ebolafieber

Seit einem halben Jahrhundert erklärt die WHO die Pocken weltweit für ausgerottet.

»Und ihr werdet die Wahrheit erkennen; und die Wahrheit wird euch freimachen.«

Joh. 8,32

Nun hören wir aber von einer neuen furchtbaren Seuche in Afrika. Eigenartigerweise geht diese neue Krankheit vom finsteren Afrika aus. Beobachtet wird diese Seuche in der Gegend des Flusses Ebola in Zentralafrika. Von diesem Fluss hat diese Krankheit ihren Namen erhalten. Namen von Orten aus Afrika rufen auf die Menschen in den reichen Ländern eine gewisse Furcht hervor.
In den Medien, Zeitungen und Internet werden uns die Bilder der Ebolaseuche gezeigt. Man bekommt allerdings in der Überzahl nur Bilder von Menschen zu sehen, die in weißen, sterilen Schutzanzügen gekleidet sind. Dann sieht man Bilder von Menschen, ebenso in Weiß, die im Labor Röhrchen mit Flüssigkeiten schütteln und ihre Augen auf Bildschirme und Apparate richten. Sie bringen auch Bilder von Menschen, die in weiße Tücher gehüllt sind und von Sanitätspersonal transportiert werden.

Man muss sehr lange suchen, um auch Bilder von Menschen zu sehen, die an Ebola erkrankt sind. Denn davor sind noch Bilder von Fledermäusen und abscheuliche Skizzen von Ebolaviren anzuschauen. Schließlich entdecke ich dann doch noch erkrankte Menschen. Die meisten davon sind von schlechter Qualität, um die Veränderungen an der Haut genauer zu erkennen. Glücklicherweise stoße ich dann doch auf ein einziges brauchbares Bild.

Es gibt in der nördlichen Hemisphäre kaum noch Ärzte, die Menschen mit Pocken gesehen haben. Die Ärzte bei uns kennen diese Krankheit nur mehr aus Abbildungen ihrer Lehrbücher. Die Bilderder Menschen mit schwersten Pocken, den so genannten »schwarzen Blattern« sind absolut ähnlich den Bildern von an Ebola erkrankten Menschen.

Die westlichen Ärzte sind nicht in der Lage, Pocken von Ebolafieber zu unterscheiden.

Wie wird nun die Diagnose gestellt? Sicher wird es in Afrika Menschen geben, die Pocken gesehen haben und erkennen. Beim Verdacht auf Pocken wird nun die WHO verständigt. Und jetzt beginnt jedes Mal dasselbe Vorgehen. Experten der WHO und der CDC, der amerikanischen Seuchenbehörde, werden eingeflogen. Diese sehen die Pockenausschläge und erklären mittels virologischer Untersuchungen, dass es sich nicht um Pocken, sondern um ‚Ebolafieber handelt. Genau so haben es vor 200 Jahren die Impfbetreiber in England gemacht. Waren gegen Pocken geimpfte Menschen wieder an Pocken erkrankt, bezeichneten sie diese Pockenfälle als Sonderformen von Schafblattern.

Seit Jahren werden über die Medien Berichte über Ebolafieber und des Ebolavirus auf der ganzen Welt verbreitet. Da dank der Pockenimpfung die Pocken angeblich besiegt wurden, können oder dürfen es nicht die Pocken sein. Auch wenn die Symptome des nun so genannten Ebolafiebers absolut mit den Symptomen der schweren Pocken übereinstimmen, wird nicht von Pocken gesprochen.

Wird bei den Erkrankten das Umfeld studiert? Wird das Trinkwasser, das die Erkrankten genießen, untersucht? Wird die Ernährungslage dieser Patienten erhoben und werden überhaupt die Lebensbedingungen dieser bedauernswerten Menschen berücksichtigt? Darüber schweigen die besorgten Gesundheitsbehörden der WHO. Es scheint die einzige Sorge der Seuchenexperten zu sein, dass oft genug Meldungen über die schreckliche, hoch ansteckende Seuche in die ganze Welt verbreitet werden. An die Stelle von hoch ansteckenden Pocken der Vergangenheit ist nun die hoch ansteckende Ebolaseuche getreten. Die Lebensbedingungen, die zur Ebolakrankheit führen werden ausgeblendet. Übrig bleibt die Angst vor der Ansteckung; diese wird gehörig und nachhaltig verbreitet.

Bibliografie

Engelbrecht, Torsten. Köhnlein, Klaus, Viruswahn, 3. Auflage, emu-Verlag, Lahnstein 2006

Großgebauer, Klaus, Eine kurze Geschichte der Mikroben, Verlag für angewandte Wissenschaften, 1997

Impfreport, Zeitschrift für unabhängige Impfaufklärung, Hefte März 2005 bis August 2009, Hans Tolzin Verlag

Kleine Zeitung, 12.02.2001, Impfung gegen Grippe? Pro & Kontra

Kollath, Werner, Grundlagen, Methoden und Ziele der Hygiene, Hirzel, Leipzig, 1937

Langbein Kurt, Ehgartner Bert, Das Medizin Kartell, Juli 2003, Serie Piper

Lewin, Louis, Gifte und Vergiftungen, 6. Auflage, 1992, Haug Verlag

Lust, Pfaundler, Husler, Krankheiten des Kindesalters, München-Berlin-Wien: Urban & Schwarzenberg 1971

Müller, Reiner, Mikrobiologie, 4. Auflage, München Berlin,1950

Pennington. H. Ritchie A., Molekulare Virologie, Gustav Fischer Verlag, Stuttgart, 1977

Pfaundler/Lust/Husler, Krankheiten des Kindesalters, Urban & Schwarzenberg, 1971

Sandler, Benjamin, Vollwerternährung schützt vor Viruserkrankungen, Emu Verlag

Schuster Gottfried , Viren in der Umwelt, B.G Teubner Stuttgart, Leipzig 1998

Traboch, Chronik von Traboch, Herausgeber Gemeinde Traboch, 1992

Winkle, Stefan, Kulturgeschichte der Seuchen Stefan, 1997

Biografie

Dr. Johann Loibner, Jahrgang 1944, studierte in Graz Medizin. Er praktizierte zunächst 7 Jahre in einer Landpraxis. Diese gab er auf, weil er nicht weiter jene Medizin betreiben wollte, die unter dem Druck der Politik und der Industrie steht.

In einer kleinen privaten Praxis begann er von neuem die Heilkunde zu studieren. Dabei stieß er ungewollt auf das Thema Impfung. Schwere Impfschäden seiner Patienten veranlassten ihn, diese Materie von Grund auf zu erforschen. Nach jahrelangem und gründlichem Studium der Geschichte der Impfungen und der Epidemien wurde aus ihm, der zwei seiner 4 Kinder noch selbst geimpft hatte, ein überzeugter Impfgegner. Aufgrund seiner ärztlichen Erfahrung fiel ihm auf, dass die so hoch gepriesene Behandlung mit Antibiotika bei weitem nicht mit der Wirklichkeit übereinstimmte. Er befasste sich daher auch viele Jahre mit dem Thema Mikrobiologie. So begann er ebenso die Infektionstherapie zu hinterfragen. Schließlich kam er zur Erkenntnis, dass die Vorstellung, Krankheiten seien ansteckend, vorwiegend auf Hypothesen beruhen.

Wegen seiner Publikationen wurde er auf Anordnung des Gesundheitsminsteriums von der Ärzteliste gestrichen. Der Verwaltungsgerichtshof in Wien hat dieses Berufsverbot nach 4 Jahren aufgehoben. Nach seinem erfolgreichen Buch »Impfen – Das Geschäft mit der Unwissenheit« ist es für ihn die größte Freude mit dem Büchlein »Mythos Ansteckung« dieses mysteriöse Kapitel der Medizin zu entmythologisieren.

Impfen
Das Geschäft mit der Unwissenheit

Von Dr. Johann Loibner

190 Seite, Paperback
ISBN: 9783950309201

Die ständig verbreitete Behauptung, Impfen schützt uns, wird immer mehr bezweifelt. Das Interesse an Büchern, welche den Sinn des Impfens in Frage stellen, nimmt zu. So ist es zu verstehen, dass schon nach einem Jahr eine weitere Auflage des Buches notwendig wurde. Aus aktuellen Gründen sind einige Kapitel dazu gekommen. Dieses Buch soll dazu anregen, die gängigen Hypothesen der Impftheorie zu überdenken. Es sind dies die Ansteckung, Bakterien und Viren als Krankheitsursachen, die Antigen-Antikörper-Theorie, der Rückgang der Seuchen durch Impfungen, Krankheiten als eigene Wesen etc. Jede dieser Hypothesen steht auf wackeligem Grund. Weitere Schwerpunkte sind Impfschäden und einige Kapitel zur Vorbeugung von Erkältungskrankheiten und ihre Behandlung mit Homöopathie und Kneipp.

Homöopathie für alle
Praktische Hilfe im Alltag

Von Dr. Johann Loibner

96 Seite, kartoniert
ISBN: 9783895399312

Dieses Buch ist die Essenz eines jahrzehntelangen erfahrungsgesättigten Homöopathenlebens, imprägniert durch die Weisheit eines wirklich ganzheitlich denkenden Arztes. Ich kann es mit Gewissheit jedem Patienten wie jedem Kollegen zur Lektüre wärmstens empfehlen. Es bleibt mir der Dank, für die ehrenvolle Aufgabe, dieses ganz besondere Buch einführen zu dürfen. Ich tue es in der Gewissheit, dass jede Leserin, jeder Leser eben soviel Kurzweil erleben wie Erkenntnis daraus ziehen wird, wie es mir widerfuhr."

Dr. Kurt Usar: "Hans Loibner ist ohne Zweifel einer der herausragenden österreichischen Homöopathen, jemand, der auch bei schwersten Erkrankungen seine Therapieform einzusetzen sich nicht scheut. Gleichzeitig schreibt er in seinem neuen, hier vorgelegten Buch, es widerfahre ihm auch nach 40jähriger Praxis bisweilen, dass eine gut ausgebildete Mutter ein besseres Heilmittel für ihr Kind auffand als er selbst es vermochte.

Organisches Germanium
Die lichte Brücke zum ICH

Von Ellen Riedel, Ulrich Heerd

123 Seite, gebunden
ISBN: 9783895390463

Was ist organisches Germanium - wie wirkt organisches Germanium - woher bekomme ich organisches Germanium?

In Japan gab es eine intensive Forschung zum Thema organisches Germanium, aber auch in Deutschland wurde Forschung an dem Element betrieben, das seinen Namen dem deutschen Entdecker Clemens Winkler zu verdanken hat. Das Wissen um die segensreiche Wirkungen von organischem Germanium setzte sich nicht durch. Liegt es daran das große Pharmafirmen kein Interesse an einem günstigen Mittel haben das das Immunsystem erheblich stärkt?, Was ist organisches Germanium, wie wirkt organisches Germanium, woher bekomme ich organisches Germanium? Germanium aus dem Hause Sanum / Sanumgermanium kommt aus Deutschland und wird nur für den Export verwendet. GE 132 (Ge 32) ein organisches Germanium aus den USA ist wesentlich konzentrierter aber eben auch nur in der USA erhältlich. Wo kann ich organisches Germanium bekommen, was für Bedingungen muss ich erfüllen um organisches Germanium zu erhalten? All diese Fragen werden in dem Buch: Organisches Germanium - die lichte Brücke zum ICH behandelt.